城镇排水与污水处理行业监管指标体系构建与优化

主　编　程彩霞

副主编　陈　玮

中国建筑工业出版社

图书在版编目（CIP）数据

城镇排水与污水处理行业监管指标体系构建与优化/程彩霞主编；陈玮副主编．—北京：中国建筑工业出版社，2021.9.

ISBN 978-7-112-26601-2

Ⅰ.①城… Ⅱ.①程… ②陈… Ⅲ.①城市排水-行业管理-监督管理-研究-中国②城市污水处理-行业管理-监督管理-研究-中国 Ⅳ.①TU992②X703

中国版本图书馆CIP数据核字（2021）第188899号

本书基于国家水专项《城镇排水与污水处理行业监管指标体系构建及验证研究》课题研究成果，在比较分析国际发达国家较为完善的污水监管指标体系及先进经验的基础上，针对我国实际情况，建立起涵盖城镇污水管网、处理厂、污泥处置等各个环节，以及政府、污水处理厂等各类责任主体污水监管指标体系，科学有效、便于操作，符合中国当前和未来一段时期城镇污水行业发展的实际需要，既立足现状，又适当超前，适于行业发展状况评估与需求预测。本书内容共6章，包括：国外城镇排水与污水处理行业发展及监管现状；中国城镇排水与污水处理行业监管指标与行业现状；中国城镇排水与污水处理行业监管指标体系构建；中国城镇排水与污水处理行业监管能力配置及网络构建；中国城镇排水与污水行业监管指标体系对行业发展的影响；展望。

本书的读者群体主要是城镇水务管理中各省、市、县级管理单位，市政设计院，高等院校等的技术人员，科研人员，管理人员以及相关专业人士、学者和学生。

责任编辑：王华月
责任校对：李美娜

城镇排水与污水处理行业监管指标体系构建与优化

主　编　程彩霞

副主编　陈　玮

*

中国建筑工业出版社出版、发行（北京海淀三里河路9号）

各地新华书店、建筑书店经销

唐山龙达图文制作有限公司制版

北京建筑工业印刷厂印刷

*

开本：787毫米×960毫米　1/16　印张：7¼　字数：146千字

2021年9月第一版　2021年9月第一次印刷

定价：**42.00**元

ISBN 978-7-112-26601-2

(37975)

本书编委会

主　　编：程彩霞

副 主 编：陈　玮

参编人员：孙永利　高　伟　赵　晔　高晨晨　张秀智
袁冬海　张　月　薛重华　魏亮亮　李家驹
徐匆匆　柳　絮　王湘晋　田　萌　李金凤

前言

城镇排水与污水处理是一个系统的公共服务事业，污水收集与处理、污泥处理处置设施是城市市政基础设施的重要组成部分，承担着城市卫生防疫安全保障、环境保护、节能减排、资源与能源回收利用等重要功能，具有很强的公益性。我国自改革开放以来，城镇排水与污水处理行业取得了巨大发展，特别是2000年以后，国家先后实施了《节能减排综合性工作方案》《水污染防治行动计划》等，为我国城镇排水与污水处理行业发展提供了强有力的保障。

科学有效、便于操作的监管指标体系是我国城市排水及污水处理行业监管制度科学化的首要因素，同时也是行业监管的重点和技术难点。多年来，我国始终以“城镇污水处理率”“污水处理达标率”等作为行业发展的主要监管指标，以“污水处理设施运行负荷率”等作为阶段性指标。一方面，这些监管指标在特定的历史时期为推动城镇排水与污水处理行业发展发挥了重要的引导作用；另一方面，尽管污水处理设施基本实现了县城以上全覆盖，污水处理规模已成为世界第一，但污水收集管网短板日益突出，收集的污水浓度越来越低，污泥处理处置等也成为新的矛盾焦点。针对污水收集、污泥处理处置、污水再生利用等环节缺少相对科学、客观、可考核、可比较的指标体系这一问题，为解决我国当前管网短板和污泥无害化处置等相关问题，急需建立行之有效的排水和污水处理行业监管指标体系，并能满足各级责任主体的行业管理需求。

针对以上需求，国家成立了专项课题开展相关研究。本书是在国家科技重大专项《城镇排水与污水处理行业监管指标体系构建及验证研究》（2015ZX07322002-03）课题最终成果的基础上撰写而成的，是所有课题组成员经过三年多的不懈努力、艰苦探究后形成的集体成果。本书共有六章，第一章和第二章主要探讨了国内外排水和污水处理行业相关的监管指标情况和行业现状，主要由程彩霞、张秀智、赵晔、袁东海、薛重华、李家驹、魏亮亮、张月等撰写；第三章提出了适合我国城镇排水与污水处理行业的三级监管指标体系，主要由陈玮、程彩霞、孙永利、高晨晨、赵晔、袁东海、张月等撰写；第四章在构建的三级指标体系的基础上，提出了适合我国各级行政主体的城镇污水处理行业监管能力配置及网络，主要由陈玮、程彩霞、高伟、袁东海、李家驹、王湘晋等撰写；第五章分析了城镇污水行业监管指标体系对行业发展的影响，主要由程彩霞、陈玮、高伟、徐匆匆、柳絮、田萌、李金凤等撰写；第六章对行业发展进行了展望，主要由薛重华、程彩霞、张月、王湘晋等撰写。

最后，再次对参与本课题研究和本书编著的所有研究人员表示衷心的感谢，祝大家在今后的科研和管理事业中更上一层楼！同时，本书难免有不足之处，敬请各位同仁批评指正！

2021年10月于北京

目录

第一章

国外城镇排水与污水处理行业发展及监管现状

城镇排水与污水处理设施是重要的市政基础设施，是排水系统的重要组成部分，是水污染防治和排渍、排涝和防洪的骨干工程。活性污泥工艺诞生100余年以来，世界各国在城镇排水与污水处理设施方面发展迅速，在全球范围的水环境污染防治、水环境改善、水质量提升等方面发挥了重要作用。

因经济、文化、科技、工程理念等差异明显，世界各国在城镇排水与污水处理建设进程差异明显，工程运行水平参差不齐，特别是在监管体系及监管指标方面差异更为显著。系统分析发达国家和地区城镇排水与污水处理行业监管指标体系信息，梳理各级城镇排水户、管网、污水处理厂等不同单位的管理需求，提出各级责任主体应匹配的监督监测能力并配置监测网络建设方案，对提升和保障我国污水处理处置设施的高效稳定运行、推进城市污水处理提质增效、助力城市高质量发展具有十分重要的意义。为此，本章梳理了联合国及世界主要国家在城镇排水和污水处理行业监管指标体系的相关信息。

第一节　联合国排水与污水处理行业监管指标体系

自21世纪60年代末，联合国在各成员国和国际组织提供的数据基础之上，整理形成了涵盖全球政治、经济、文化、科技、环境、教育、人口等各方面的庞大数据库，联合国各类数据处理及各类指标监制主要由联合国统计司完成。就污水处理行业监管指标及数据库而言，其数据库数据来源于近百个成员国，相关的监管指标主要有两个：废水归集系统受益人口密度（Population connected to wastewater collecting system）和废水处理厂受益人口密度（Population connected to wastewater treatment）。废水归集系统受益人口密度，即居住环境有污水管道连接的人口数占全国总人口数的比例，侧重污水被收集程度这一重要指标。运行良好的废水归集系统可将废水输送至废水处理厂，而部分收集的污水则直接排放到环境中。因此，废水处理厂受益人口密度（即生活污水被污水处理厂处理的人口数占全国总人口数的比例）主要测度人口所产生的污水被收集并得到有效处理的程度，而非直接流入自然水体的程度。

从以上两个指标的解释可以看出，联合国在评价各国污水处理水平上，是以受益人口密度为基准的，而不是对污水产生量或处理比率为出发点；其内涵是考察各个成员国人口所处的整体水环境质量状况，这主要是由于联合国对污水（废水）的定义决定。联合国将废水（污水）定义为由于其质量、数量或存在时间等原因没有任何使用价值的水。尽管在传统意义上，甲用户认为的废水可能是乙用户可以加以利用的水。从用户角度出发，联合国希望每一个用水户都能用到清洁、符合安全标准的供水，而不是污水或废水所形成的水源。

第二节 欧美国家排水与污水处理行业监管指标体系

一、法国

法国的水务监管属于协商模式，由国家、地方社区和用户三方面共同管理，对供水和污水处理的单位，主要通过合同手段进行监管与其集权制相对应，水务行业的监管实行“国家级—流域级—地区级—地方级”四层次监管体制，并有效地接受公共监督。

在国家层次上，法国设置了水资源委员会，负责国家水政策的发展走向、与水有关的法律法规或白皮书的起草，并向公众提供水资源法律政策的咨询。同时，还负责取水、排水授权等方面的协调工作。水资源委员会由选举产生的参、众两院议院和有关的社会经济部门代表组成，其中委员会主席必须由议员担任。在国家级政府机构中，国土规划与环境部负责水务和环境管理工作，主要监督水法规的执行情况，监测和分析水污染情况，制定与水相关的国家标准。

在流域层次上，通过设置流域委员会对流域内水资源管理的总体规划进行负责。流域水资源管理局是流域委员会的执行机构，主要负责制定流域水政策和水资源开发利用的总体规划，依法征收水资源费、排污费和用水费，并收集和发布各种水信息，提供技术咨询和服务等。

在地方一级，由市镇负责。法国水行业的微观监管事务主要由这一级实现，供水和污水处理主要由市镇政府负责。

对于污水处理的宏观数据，相较于联合国的指标，法国的监管指标更为多样。其指标主要由污水处理设施数量、城市废水归集系统受益人口密度、城市废水处理厂受益人口密度、处理人口当量、合流制系统所占比例、人均用水量等构成。其中，污水处理设施数量是对污水处理投入力度的测度指标。城市废水归集系统受益人口密度和城市废水处理厂受益人口密度之内涵与联合国指标一致。处理人口当量是每个污水处理设施所处理污水所包含的人口当量数，即为总人口量与总污水处理设施数量之比。

二、美国

美国污水处理行业管制体系涵盖了联邦、州和地方政府三个层次，各级的管理权限十分明确，其中州在管理制度的制定上有较大的自主权。在联邦层面，政府负责污水处理管制的主要部门是美国环保署，其主要职责是制定环境规划的国家标准和法案，并管理许多与污水处理系统管理相关的计划和项目。各州政府通过设立公用事业委员会，统一对水资源在内的公用事业实施监管，负责制定规章，执行污水处理系统的监管与运行。地方政府包括县级及市级政府，主要是设立地方水务管理董事会进行管理，主要负责实施某一区域的污水治理，由其全面完成污水处理系统的规划、评估、技术咨询或培训等工作。

美国废水排放的标准依赖于多项法规，这些法规通常由国会通过，并由总统签署成为法律。美国市政污水处理排放标准（U. S. Municipal Sewage Treatment Discharge Standards）的制度体系包括其法律依据和制度基础。法律依据是保障排污标准制定的相关法律条例，而制度基础则是明确排污标准制定方法和流程的 NPDES（National Pollution Discharge Elimination System）许可证制度。1948 年美国联邦制订了水污染控制法（1948 Federal Water Pollution Control Act，FWPCA），之后国会在 1972 年通过了 1972FWPCA 修正案。这一修正案开启了美国的现代水污染控制之路，包括提出了污染物排放消减系统 NPDES 许可证项目，NPDES 许可证中的核心内容是排污标准的制定。此后，FWPCA 还被进一步修正，包括 1977 年清洁水法（1977 Clean Water Act，CWA）。这些法令及其修正案构成了美国排污标准制定的法律基础。

在这些法规中，清洁水法被视为保护地表水水质的基石。《清洁水法》要求达到可垂钓、可游泳和可饮用的水质。综合该法内容，它在改善水域水质方面提出了日最大纳污负荷总量（Total Maximum Daily）和污水处理管理项目两项制度。水域日最大纳污负荷总量制度是基于水体纳污和自净能力，以日为单位的限制污染物排入量的水污染防治制度。《清洁水法》第 303 条要求联邦环保署（EPA）制定水质标准规则，各州指定州内各个水体的功能（Designed Uses），然后根据水质标准规则制定严于联邦环保署标准的本州水质标准（Water Quality Criterial）。国家污染物排放消除系统许可项目明确限制了可被排放至水中的各种污染物的种类及其最高含量。任何通过排放点源向水中排放污染物的设施，不管其所有权性质，必须持续监测，保证其所排废水满足对排放污染物种类及含量的要求，才能获得该项目的许可，进而排放废水。任何一个州的水质标准没有达到联邦规定的最低要求的，联邦环保署都有权予以否决，甚至可以直接引用第 303 条的规定，中断对该州水质保护方面的拨款并越过该州生态环境部门直接由联邦环保署地区办公室指导该州的水质标准的制定和执行。被管制的典型的污染物排放源包括城市废水系统、城市与工业雨水系统、工业与商业设施以及集中动物饲养场所。通过化粪池系统接入市政系统的，或不具备地表排放设施的个人家庭无需该许可（EPA，2014c）。

在《清洁水法》的授权下，美国联邦环保署直接负责国家污染物排放消除系统许可项目的执行。在环保署内部，又由废水管理办公室（Office of Wastewater Management，OWN）主导与具体管理该项目。就组织结构而言，为了更高效的执行该项目，废水管理办公室先将整个项目细分为几个领域，比如动物饲养场所，合流污水渠溢流、杀虫剂、卫生下水道溢流与洪峰流量、暴雨水等；然后将不同的项目管理委派给办公室里不同的分支机构。

为了确保地表水质，《清洁水法》还从加强污水处理方面着手，建立了污水处理管理项目制度，目的是降低排入水体的污染物浓度和数量。该制度包括的主要内容有：（1）任何污水，只有经最佳可行污水处理技术处理后才能排入有关水体；（2）污水处理管理以区域为单位，应当对包括点源和面源污染在内的所有污染源排放的污水进行处理；（3）鼓励采取公私合作模式建设或者运营盈利型污水处理厂，则应确保污水处理厂的收益能够超过成本、运营与维护费用之和；收益过高污水处理厂，将过高部分交由指定的区域性机构用于资助其他环境改善项目；（4）污水处理厂对农业、林业和水产养殖业产生的污水进行回收处理，向社会公众提供中水；对不可回收的污水则进行密封式处理；对污水处理过程中产生的污泥应当采取不会造成环境损害的方式进行处理；（5）在对污水处理厂的管理上，联邦环保署鼓励污水处理厂采用综合废物处理设施，既能处理污水，又能对其他工业和城市生活废物（包括但不限于固体废弃物和热水）进行处理和利用等。

三、英国

由于历史原因，英国水业的监管体制分成三个区域，即英格兰和威尔士地区、苏格兰地区和北爱尔兰地区、苏格兰议会和北爱尔兰议会，分别监管各自地区的水业发展，其水务管理依旧保持国有性质。英格兰和威尔士地区的主要水业监管机构同时向威尔士议会负责。

英国的水业行业发展有近200年的历史，总体来看经历了“私有—公有—私有”以及从地方分散管理到流域一体化管理的发展历程。由于以前英国也是欧盟成员国，因此，其水政策法规不仅来源于英国国会，而且还来源于欧盟。国内制定水政策法规有两种情况：一种情况是由欧盟制定最高的政策法规，英国据此具体制定本国实施性的政策法规；另一种情况是英国国会根据本国的需要制定政策法规。目前，欧盟关于水资源的政策法规大约有15个，另外还有10个：指导性政策提前。在英国，这些政策法规有的直接施行，有的则通过制定实施办法得以贯彻。其中欧盟颁布施行的《水政策行动纲领指令》（WATER FRAMEWORK

DIRECTIVE）尤为重要。这是一个主要针对地表水和地下水开发利用和管理的指令性文件，通过加强水资源综合管理和提高水环境管理标准。涉水法规中最重要的是《水法》，英国议会于1973年颁布了第1部（Water Act 1973）《水法》。目前英国实施的是第3部《水法》，强调水资源的可持续利用，其指导思想是保证英国有可持续发展的水源。

在水务监管体系方面，英国环境、食品和乡村事务部（DEFRA）负责相关涉水政策或法律的制定、实施，及对水务监管机构的宏观管理等。政府分别设立了负责水环境、水务经济、饮用水水质以及供排水服务的四个独立监管部门，并逐步建立了一整套与私有化相匹配的水务监管体系。监管部门分别是国家环境署（EA）、水务办公室（OFWAT）、饮用水监督委员会（DWI）以及水务消费者委员会（CCWATER）。

1. 环境署（Environment Agency）是非政府的公共管理机构，直接向国会负责，前身是环境部。其经费来源主要依靠征收与取水量以及与许可管理相关的费用，主要职能包括：负责监测水量和水质变化；负责防洪，并制定防洪政策；负责监管排污，控制污染源，恢复生态环境；负责取水管理，发放取水许可证并对取水口进行监管；负责水环境保护、控制水域开发，保护野生动物的栖息地；负责制定水资源发展规划和发展战略；审查水务公司的发展计划并报DEFRA审批；负责监督水务公司节水措施的实施；负责对流域管理机构相关事务的管理等。

2. 水务办公室（Office of Water Service）成立于1989年，是一个顺应私有化改革而成立的独立于政府部门的监管机构，主要负责英格兰和威尔士地区水务经济监管，不受其他政府部门干预和支配，直接向议会政府负责。其职能是对英格兰和威尔士地区的饮用水和污水处理行业进行监管，通过经济监督的方式调控水价，确保用水户的合法权益，并监管水务公司在合理的价格区间之间内提供优质高效的供排水服务，同时负责发放水业经营许可证，督促水务公司提高竞争水平，为消费者提供更持续和有效的服务，维护水业市场正常的竞争环境。英国水务办公室还与公平贸易办公室一起，调查水务公司的垄断行为。

3. 饮用水监管委员会（Drinking Water Inspectorate）是英国水业私有化后，1990年成立的由国家直接拨款的监管机构。其主要职能是监管英格兰和威尔士地区的饮用水安全，主要工作是监督水务公司供应饮用水的数量和质量。水质由水务公司严格检测，以确保饮用水符合法律层面的水质规则（Water Quality Regulations）。每年饮用水监管局在水供应区特定的区域进行数百万次的检测（包括水务公司的工作间、输送系统和消费者终端水龙头等），然后向DWI汇报。此外，饮用水监管委员会还负责处理消费者的投诉并调查与水质相关的事故。调查结果出来后，他们有权对相关责任公司进行处罚，事故调查结果有时可以把水务公司送上法庭。

4. 水务消费者委员会（Consumer Council for Water）是2005年英国撤销先前的消费者机构（Water Voice）成立的。该委员会是一个代表消费者利益的非部委公共机构，为用水户提供供排水服务方面的咨询，听取其意见和建议，并受理和调解消费者和水务公司之间的纠纷等。

当前，英国在排水和污水处理监管方面的指标主要包括：（1）污水管网服务能力指标：下水道容量不足引起的室内淹水次数、下水道塌陷或堵塞引起室内淹水次数、每1000km下水道塌陷次数、与下水道相关的三类环境污染事件次数；（2）污水处理服务能力指标：超标污水处理厂数量、超标污水处理厂服务人口百分比、基于BOD_5、SS和氨氮平均值的超标风险指数、达到排放标准50%、100%和200%的概率；（3）污水收集指标：旱季污水流量、暴雨溢流界定流量、污水最大处理流量等。

在英国，所有的污水排放都应经相关管理部门的允许。在英格兰和威尔士，环境管理部门控制污水排放，管理所有排入地下、内陆及海岸的污水，管理污水排放的注册信息，包括污水水质、排放许可、排放授权、污水排放的监控等信息。申请排放污水者如果对环境管理部门的决定不满意可以提出上诉，上诉大多由环境管理部门的一个分支机构—城市规划督察部门处理。苏格兰的污水管控由苏格兰环境保护机构负责，北爱尔兰地区则由环境遗产局负责。

四、德国

德国大部分联邦州水体污染控制和管理的职责分散到以下四个不同的管理层次：（1）以联邦环境部为主的联邦机构，其职责是制定战略决策。联邦政府设置水工作小组（LAWA），主要协调联邦法规建设；联邦政府还设立其他多个工作小组，主要负责各大河流流域管理协调和水行政管理国际合作等。（2）地区性水务管理机构，即地区委员会或当地政府他们主要负责本地区水政管理。（3）在城市、城镇和农村设置的水管理基层办公机构，主要负责水体监控、技术建议和执行水务管理日常政务。（4）各类水务协会，如德国水、污水和废物协会（DWA），组织一些代表德国污水和垃圾处理等方面的专家开展科技课题、环境保护方面的经济和法律等的研究事务。

1957年，德国通过水资源管理法（WHG），1960年第一部水资源管理法生效，1976年水资源管理法第四部分补充规定提出了适用于全德国的对排入水体污水的最低要求，不允许未经处理的污水排放到河流或湖泊中，无论这些污水来自家庭、工业还是企业。

德国水资源经营监管和水体保护，同样深受欧盟法的影响。1990年两德统一后，1991年城市污水处理欧盟标准生效，1996年联邦德国水资源管理法以法律的形式确定了污水处理的技术标准。

2000 年欧盟颁布的《水框架指令》(WFD)，是管理和保护水资源最为重要的指令，也是保障供水和监管污水处理的重要基础。所有欧盟成员国以及准备加入欧盟的国家都必须使本国的水资源管理体系符合《水框架指令》的要求，并共同参与流域的管理。《水框架指令》建立了欧洲水资源管理的框架，并对已有的水资源指令做了补充，其主要目标是：(1) 防止水资源状况的继续恶化并改善其状态；(2) 促进水资源的可持续利用；(3) 减少初始污染物并停止初始有毒污染物的排放；(4) 减轻地下水污染；(5) 减轻洪水与干旱的影响。

除《水框架指令》及其子指令外，《关于市政污水处理的第 91 271 EWG 号指令》(简称《市政污水指令》) 也是 20 世纪 90 年代欧盟水体保护领域影响最深远的指令之一，其目的在于协调市政层面的水处理措施，对市政和某些工业污水的收集、处理和排放予以规定，还涉及雨水问题，以防止相应污水排放对环境造成不利影响。此外，指令还对水处理后污泥再利用的条件和对不经市政污水处理设施的食品加工业污水做了规定。在程序上，对污水向自然水体的排放，指令明确规定需要事先审批；为确保环境不受污水排放的影响，必须对处理设施、受纳水体和污泥处理进行长期的监控。德国直到 1997 年才颁布了《污水条例》，将对排水和污水的管理和规定，转化落实到国内法律条款上，比欧盟《市政污水指令》的要求晚了 4 年。

综上各种相关法律法规和标准，德国在排水及污水处理方面监管的指标主要包括：居民总数、接入公共管网的人口总数及其中接入中心污水处理厂的人数、人均日污染物产生量、污水排放总量、污水处理总量、进出水 COD 浓度、进出水 TN 浓度、进出水 TP 浓度、进出水 NH_3-N 浓度、污水处理用电量、污泥处置总量、生活污水处理、实际收费标准、管网长度、管网折合接入人口平均值 (m/人)、污水管网实际维护长度等。德国采用当量人口来衡量污水处理厂的处理负荷，其包括居民人口数和将工业废水折算的人口数。

德国未来污水处理面临的挑战主要来自畜牧的药物残留、抗生素以及化学品中的激素等，这些污染物仅靠传统的污水处理方法是无法去除的。

五、意大利

1994 年 1 月，意大利颁布了 36 号令《加利法案》以促进水服务行业的改革，由此解决了意大利水服务行业区域上和行业管理上的分割状态。水服务行业包括从事水服务的企业，也包括参加部分水服务环节的企业，如参加输水管、排水管建设与净化处理的企业。意大利的城镇污水管理体系特色之处表现为：(1) 对生活污水、工业废水和受污染的地下水按性质不同进行分别处理。(2) 通过分散建设一定数量的小型污水处理厂，集中处理生活污水及工业污水，充分利用处理后的中水，节约水资源并减少运营成本。(3) 在减少水环境污染问题的同时，利用污泥产生的沼气发电，开发新能源，增加了经济效益，形成了环境利益和经济利益双丰收的局面。

意大利建立了完善的水环境保护法律体系，如表 1-1 所示，这些水环境保护法律法规对污水收集、处理和再利用等进行了详细的规定，确保了意大利污水处理的规范运作。

意大利水环境保护法律法规 表 1-1

年份	主要相关法律	主要内容
1976 年	第 376/76 号《水污染防治规章》法	通过限制和控制向各类污水排放，达到控制污染的目标，为制定水环境政策建立了法律框架
2006～2010 年	第 152/06 号法令《环境法典》（及其 2008、2010 修正案）	对水资源管理和综合利用（包括城市和工业用水、污水处理）做出了明确地规定，其中涉及废水（城市废水、工业废水）排放限值与经济成本分析等

此外，意大利对污水排放的执法和监管力度较大。各大区环保局每月会对污水处理厂出水水质进行一次 24h 的连续监测。如果某污水处理厂不能达标排放，则该污水处理厂不仅要缴纳罚款，生态环境部门还会向法院提起诉讼，污水处理厂要承担法律责任。同时，法律规定污水处理厂有权对工业企业排放的污水进行监制，工业污水应达到规定的排放标准，而对于污水不能达标排放的工业企业，污水处理厂将会向法院提起诉讼。

第三节 亚洲国家排水与污水处理行业监管指标体系

一、日本

根据日本环境污染防控的法律相关规定，中央政府建立了完善的环境污染监督、检查、检测组织，用于确定水环境污染状况，并能够保证采取有效措施来应对水污染事故；地方政府则根据本地的实际情况，可以具体颁布并执行相关措施，承担公共水体的监测检查，并接受中央政府有关部门的抽查。

1970 年，日本颁布了《水质污浊防治法》，水质标准包括健康项目和生活环境项目两大类，采用浓度限值，允许地方根据当地水域特点制定地方排水限值标准。近年来为改善封闭性海域的水质，日本对工业集中和污染严重地区实施主要污染物总量限值制度，对各指定水域确定污染负荷量的总体削减目标量，再由都道府县知事据此确定所辖范围内的各污染源的削减目标量及削减方法事项，即采取浓度控制和总量控制相互结合的治理模式。日本各级地方政府对于执行标准控制污染的主动性很强，大多根据地方环境需要，制定和实施严于国家标准的地方标准。

长期以来，日本污水监管的对象主要集中于工业污水处理领域，政府通过向排污企业收取费用，加大对污水处理的投资力度，同时扶持相关企业，使工业废水得到了很好的处理。在生活污水方面，日本相关部门将生活污水处理设施划分为“公共下水道”“农村下水道”和“净化槽”三种类型，其行政主管单位分别为国土交通省、农林水产省和环境省，为了推进净化槽的使用，1983 年 5 月，日本通过了法规《净化槽法》。该法于 1985 年实施以来，经过 30 余年的发展，净化槽在日本得到了全面推广（如 2008 年其覆盖人口达到 9%）。2009 年，日本环境省出台了指导净化槽领域发展的纲领性文件，在进一步推进政府补贴的同时，明确了适宜净化槽推广的区域，有重点地推进事业的整体发展。

日本污水行业监管的评价指标主要有：污水收集系统受益人口密度、污水处理厂受益人口密度、下水道普及率、污水处理人口普及率，污水处理达标排放率，污泥无害化处理率等。据统计，2017 年日本全国的污水处理人口普及率达到了 90.9%，其中，农业、林业、渔业排水设施以及简单排水设施的人口普及率为 2.7%，下水道普及率为 78.8%，净化槽的普及率为 9.2%，其他普及率为 0.2%。

二、韩国

20 世纪七八十年代，韩国在经济腾飞的同时，水体污染问题逐渐显现并日趋严重。在 1994 年以前，韩国国内污水管网与废水最终处理设施建设与运行由建设部、交通运输部、环境部实行三元化管理；自 1994 年以后，改由环境部实行一元化管理。

韩国《水环境保护法》规定，国家和地方政府可以安装废水最终处理设施，直接引起水污染的企业和其他人承担处理设施的全部或者部分安装与管理运行费用。实际上，韩国废水处理设施的建设是由国家和地方政府先行投资，建立起全国范围的污水集中处理系统；然后，对直接引起水污染的企业和个人进行缴费，收取的缴费总额约占处理成本的 30%～50%，不足部分由财政补贴。

韩国污水行业监管的评价指标主要有：下水道普及率、下水管网设施长度、管路普及率、公共污水处理厂数量、污水处理量、污水处理率，以及衡量污水处理质量的指标有经处理后的水中所含 BOD、COD、SS、TN、TP 和大肠杆菌群数等。

三、新加坡

过去，新加坡的供水和废水是分别由不同的机构来管理的。公共事业局（The Public Utilities Board，PUB）负责水资源管理和供水；环境部负责废水处理和废水系统。为实施一个综合的水资源管理战略，2002 年 7 月 1 日，新加坡通过机构改革，成立了环境和水资源部，整合所有与水有关的行政部门，加强水资源管理。公共事业局成为环境和水资源部的一部分，是负责与水有关事务的最主要管理机构，其职能除负责水资源管理和供水外，还扩展到包括废水处理和回用、洪水控制和废水系统等领域，大大提高了行政管理效率。公用事业局中央供水检验室每天对原水水源、净水厂、净水库、配水网络及客户处抽取样本进行检验。通过这些日常的监测，确保水质符合世界卫生组织相关标准。

作为水资源短缺的国家，从1960年开始，新加坡政府先后制定了一系列的生态环境保护法律法规和标准以保护水资源、水生态和水环境，并不断地提高和完善。目前，新加坡已经形成了一个非常全面的水资源及环境法律法规体系，如《环境污染控制法》《环境公共健康（有毒工业废物）条例》《废水与排水系统法》《公共设施法》《公共设施（供水）条例》等，这些法律法规明确规定了，在新加坡，水是公共财产，政府通过行政和法律手段对涉及水问题的公众利益进行干预，同时也特别强调了要严格贯彻实施这些法律法规。同时新加坡还制定了一系列的污水排放标准和规范，如新加坡环境法《污染控制排放规定》，对污水排到公共下水道、水道、控制水道的排污限额做了详细规定，具体指标包括排放物温度、颜色、pH值、BOD_5、COD、SS等36个指标。

新加坡的这些法律法规在大的方面包括了水资源管理、水污染防治，小的方面包括节水龙头、马桶节水等都有具体的规范。在工业废水方面，制定了工业废水的排放标准，允许工业废水经过处理就达标排放，在生产废水排放处安装自动监测装置，监测排水口水质，防止污染；在公共卫生方面，规定小商贩准则，所有的小商贩必须领取执照，并且逐步将小商贩安排在有适当污水处理和排水系统装置的区域经营。同时，新加坡还开辟了许多新的水源渠道，如建设完善的集水和蓄水系统，实现雨水的收集利用；建设新生水厂和完善的工业供水系统，实现污水的处理和回用；建设深隧道阴沟系统，将生活和工业污水借助地心引力由深隧道排污系统输送至污水回收厂进行处理，高效率的回收全岛的污水等。

新加坡还建立了一个完整的“确保持续的清洁水供应”的政策体系，并通过污水处理后的回用、海水淡化、增大集水区等手段，来实现水源多样化。同时，也广泛实施了各种经济手段，如阶梯水费、鼓励使用再生水的收费体系、节水减免税、超标排污罚款、鼓励私人投资等，在水资源管理方面都取得了显著的效果。

特别值得注意的是，新加坡特别重视对公众环境和水资源意识的培养。在强化了公众意识后，通过严格执法来具体落实相关的法律法规，效果十分显著。此外，新加坡还在技术上加大研发和投入力度，比如在海水淡化、污水截流和净化、水库联调等方面，都取得了良好的效果。

第二章

中国城镇排水与污水处理行业监管指标与行业现状

自1923年我国上海建成了国内最早的城镇污水处理厂以来，我国污水处理事业已有近百年历史。21世纪以来，特别是“十一五”“十二五”两个规划实施期间，我国的城镇污水处理产业实现了跨越式发展。截至2019年底，全国城市排水管道长度达到74.70万km，建成运行污水处理厂共计2471座，形成污水处理能力1.79亿m^3/日；污水年排放量555亿m^3，污水年处理量526亿m^3，污水处理率达到96.81%。我国已成为世界上污水处理规模最大的国家，与美国的污水处理能力相当。城镇污水处理产业蓬勃发展，不仅为我国城镇污染物减排、改善人居环境做出了巨大贡献，还培育了一大批优质的本土企业和设备厂商，带动了城镇居民就业，拉动了经济增长，促进了城镇化的健康发展。

在城镇排水及污水处理设施建设运行的同时，我国针对污水处理行业运行管理中的实际需求，在监管措施、标准及规范等方面不断探索，初步形成了一套较为完善的监管指标体系。

第一节　中国城镇排水与污水处理行业监管指标体系发展及历史沿革

1988年，国家环境保护总局提出了《污水处理设施环境保护设施监督管理方法》（国家环境保护局〔88〕环水字第187号）（目前已废止），明确了生态环境部门应对水污染治理设施的现场进行监管，水污染治理设施运营单位应配合上级部门监管。

2002年9月，国家计划委员会、建设部和国家环保局联合发布了《关于推进城市污水、垃圾处理产业化发展的意见》（计投资〔2002〕1591号），提出“十五”期间要新增城市污水日处理能力2600万m^3，垃圾无害化日处理能力15万t，2005年城市污水集中处理率达到45%，50万人口以上的城市达到60%以上。同时要求各地解放思想，采取有利于加快建设、加快发展的措施，切实推进城市污水、垃圾处理项目建设、运营的市场化改革。

2004年8月，建设部发布了《关于加强城镇污水处理厂运行监管的意见》（建城〔2004〕153号）（目前已废止），进一步明确加强城镇污水处理厂建设和运行的监管是各级建设行政主管部门的重要职责，城市建设行政主管部门应委托有资格的检测单位对城镇污水处理厂进出水水质、水量和污泥进行定期监测，并监督污水处理厂的实际运行情况。

2007年5月，以“太湖蓝藻污染事件”为首的水污染事件的发生，引起了从中央到地方各级政府以及普通民众对水环境问题的极大关注。

2010年，住房和城乡建设部印发《城镇污水处理考核暂行办法》（2010年版），提出对设施覆盖率、污水处理率、污水处理负荷率、主要污染物削减效率进行考核。

2012年5月，国务院办公厅印发《“十二五”全国城镇污水处理及再生利用设施建设规划》（国办发〔2012〕24号），指导各地统筹规划、合理布局、加大投入，加快形成“厂网并举、泥水并重、再生利用”的设施建设格局，进一步加强污水处理设施运营监管，提高设施运行负荷率。

继2011年中央1号文件和中央水利工作会议明确要求实行最严格水资源管理制度、2012年1月国务院发布《关于实行最严格水资源管理制度的意见》（国发〔2012〕3号）之后，2013年1月，国务院办公厅又印发了《实行最严格水资源管理制度考核办法》（国办发〔2013〕2号），明确了水资源管理制度落实的责任主体、考核的内容及评分标准。

2013年10月，国务院颁布了《城镇排水与污水处理条例》（国务院令第641号），对规划建设、排水、污水处理、设施维护与保护等方面做出了详细规定。

2015年4月，国务院发布了《水污染防治行动计划》（简称“水十条”，国发〔2015〕17号），提出到2020年，全国水环境质量得到阶段性改善，污染严重水体较大幅度减少，饮用水安全保障水平持续提升，地下水超采得到严格控制，地下水污染加剧趋势得到初步遏制，近岸海域环境质量稳中趋好，京津冀、长三角、珠三角等区域水生态环境状况有所好转。“水十条”展示了国家对水环境污染治理的宏伟计划，彰显了中央政府治理水环境污染的决心。

2014年4月24日，经中华人民共和国第十二届全国人民代表大会常务委员会第八次会议决议通过了新修订的《中华人民共和国环境保护法》，自2015年1月1日起施行。在新《环境保护法》的指引下，国家加大了政策指导的力度，各种相关规划、政策、标准密集出台；在“水十条”的带动与影响下，水污染治理已成为地方环保治理的重头戏，水污染治理行业也在政策和资本推动下进入了新的发展期。

2015年4月，财政部、环境保护部联合下发《关于推进水污染防治领域政府和社会资本合作的实施意见》（财建〔2015〕90号），部署在水污染防治领域大力推广运用政府和社会资本合作（PPP）模式，提出逐步将水污染防治领域全面向社会资本开放。

2015年6月，财政部和环境保护部共同印发《水污染防治专项资金管理办法》（财建〔2015〕226号），将重点流域水污染防治，水质较好江河湖泊生态环境保护，饮用水水源地环境保护，地下水环境保护及污染修复，城市黑臭水体整治，跨界、跨省河流水环境保护和治理、国土江河综合整治试点和其他需要支持的有关事项列入专项资金重点支持的范围。

2015年8月，住房和城乡建设部与环境保护部联合发布《城市黑臭水体整治工作指南》（建城〔2015〕130号），对于城市黑臭水体整治工作的目标、原则、工作流程等均作出了明确规定。同时，对城市黑臭水体的识别、分级、整治方案编制方法以及整治技术的选择和效果评估、政策机制保障提出了明确的要求。

2016年是开展“十三五”环境保护政策制度顶层设计的关键一年，也是“十三五”的开局之年，各类国家层面的“十三五”规划密集发布。8月，国家发展和改革委员会印发《“十三五”重点流域水环境综合治理建设规划》，全面落实“十三五”提出的改善水环境质量的要求，推进“十三五”重点流域水环境综合治理重大工程建设。11月，国务院印发《“十三五”生态环境保护规划》（国发〔2016〕65号），为我国“十三五”时期生态环境保护工作明确了行动指南。11月，国务院印发《“十三五”国家战略性新兴产业发展规划》（国发〔2016〕67号），对我国战略性新兴产业作出总体部署，规划将节能环保产业列入绿色低碳产业，并第一次提出先进环保产业的概念。11月，国务院办公厅印发《控制污染物排放许可制实施方案》（国办发〔2016〕81号），提出将排污许可制建设成为固定污染源环境管理的核心制度，到2020年，完成覆盖所有固定污染源的排污许可证核发工作，全国排污许可证管理信息平台有效运转，对固定污染源实施全过程管理和多污染物协同控制，实现系统化、科学化、法治化、精细化、信息化的“一证式”管理。12月，国家发展和改革委员会、住房和城乡建设部共同印发《“十三五”全国城镇污水处理及再生利用设施建设规划》（发改环资〔2016〕2849号），提出“十三五”期间应进一步统筹规划，合理布局，加大投入，实现城镇污水处理设施建设由“规模增长”向“提质增效”转变，由“重水轻泥”向“泥水并重”转变，由“污水处理”向“再生利用”转变，全面提升我国城镇污水处理设施的保障能力和服务水平，使群众切实感受到水环境质量改善的成效。同时，国家发改委、科技部、工信部、环保部共同印发《“十三五”节能环保产业发展规划》（发改环资〔2016〕2686号），主要针对节能环保产业作出总体部署，规划提出到2020年，节能环保产业将成为国民经济支柱产业。

2017年4月，环境保护部发布《国家环境保护标准“十三五”发展规划》，系统制定出三大污染防治行动计划的施工图。12 月底，《“十三五”全国城镇污水处理及再生利用设施建设规划》发布。

2018 年是新修订的《中华人民共和国水污染防治法》和《中华人民共和国环境保护税法》实施的第一年，也是《水污染防治行动计划》全面推进的一年。根据新的《水污染防治法》和国家“十三五”相关规划的要求，2018 年，国家和地方相继出台了一系列与水污染治理相关的政策、法规和管理制度，对应开展了一系列的专项行动。

水污染治理产业涉及的行业众多，量大面广，涉及优化产业结构、提升清洁生产水平、治理设施长效稳定运行、监测监管等多方面工作。水污染防治工作在政府监管、企业跟进、社会组织和公众等多方面协作下，取得了全面提升，水环境质量正趋向好转。随着各地农村污水和黑臭水体综合整治工作的开展，水污染治理行业的市场总体呈上升趋势。

综上所述，目前我国污水处理行业主管部门主要侧重于对污水处理技术、污水处理厂及运行管理等方面的研究，生态环境部门主要关注水质监测达标等方面的研究。近年来，我国政府部门逐渐意识到对水污染治理设施进行监管研究的重要性，并开展对污水处理行业监管的研究，制定了一系列污水处理厂运行管理方面的监管意见和办法，各省市也针对污水处理厂的运行制定了相关监管办法。行业主管部门不同时期的主要政策及其对行业进步的影响分析见表 2-1。

行业主管部门不同时期的主要政策及其对行业进步的影响分析　　表 2-1

时间	部分政策	关键要求/指标	促进作用
1988 年	国家环保局《污水处理设施环境保护设施监督管理方法》	明确了生态环境部门有对水污染治理设施现场进行监管的权力，水污染治理设施运营单位有配合上级环境保护主管部门监管的责任	加强污水处理设施的管理，充分发挥其效益，保护水环境
2002 年	原国家计委、建设部、国家环保总局《关于推进城市污水、垃圾处理产业化发展的意见》	在城镇污水处理行业引入市场机制，建立污水处理收费制度	城镇污水处理行业开始大发展
2004 年	原建设部《关于加强城镇污水处理厂运行监管的意见》	提出污水处理厂运行负荷率的要求	扭转“重厂轻网”现象，大幅提升污水处理厂进水水量，避免“空转”
2010 年	住房和城乡建设部《城镇污水处理考核暂行办法》(2010 年版)	对设施覆盖率、污水处理率、污水处理负荷率、主要污染物削减效率进行考核	推动污水处理设施基本实现市、县“全覆盖”，污水处理能力跃居世界第一
2012 年	国务院办公厅《“十二五”全国城镇污水处理及再生利用设施建设规划》	要求进一步加强设施运营监管，提高设施运行负荷率	加强排水监测能力建设，完善国家、省、市三级监测体系，强化设施运营监管能力
2013 年	国务院《城镇排水与污水处理条例》	对规划建设、排水、污水处理、设施维护与保护等方面进行了详细规定	加强对城镇排水与污水处理的管理

续表

时间	部分政策	关键要求/指标	促进作用
2015年	国务院《水污染防治行动计划》	展示了国家对水环境污染治理的宏伟计划，彰显了中央政府治理水环境污染的决心	水污染治理行业在政策和资本推动下进入了新的发展期
	财政部、环境保护部《关于推进水污染防治领域政府和社会资本合作的实施意见》	部署在水污染防治领域大力推广运用政府和社会资本合作（PPP）模式，提出逐步将水污染防治领域全面向社会资本开放	对水污染防治领域政府和社会资本合作（PPP）项目操作流程作出明确规范
	财政部和环境保护部《水污染防治专项资金管理办法》	将重点流域水污染防治，水质较好江河湖泊生态环境保护，饮用水水源地环境保护，地下水环境保护及污染修复，城市黑臭水体整治，跨界、跨省河流水环境保护和治理、国土江河综合整治试点和其他需要支持的有关事项列入专项资金重点支持的范围	加强水污染防治和水生态环境保护，提高财政资金使用效益
	住房和城乡建设部与环境保护部《城市黑臭水体整治工作指南》	对于城市黑臭水体整治工作的目标、原则、工作流程等内容均作出了明确规定	对城市黑臭水体的识别、分级、整治方案编制方法以及整治技术的选择和效果评估、政策机制保障提出了明确的要求
2016年	国家发展和改革委员会《“十三五”重点流域水环境综合治理建设规划》	全面落实“水十条”提出的改善水环境质量的要求，推进“十三五”重点流域水环境综合治理重大工程建设，切实增加和改善环境基本公共服务供给	进一步加快推进生态文明建设
	国务院《“十三五”生态环境保护规划》	为我国“十三五”时期生态环境保护工作明确了“行动指南”	全面贯彻落实生态文明建设总体部署，推进生态环境保护
	国务院《“十三五”国家战略性新兴产业发展规划》	对我国战略性新兴产业作出总体部署，规划将节能环保产业列入绿色低碳产业	第一次提出先进环保产业的概念
	国务院《控制污染物排放许可制实施方案》	到2020年，完成覆盖所有固定污染源的排污许可证核发工作，全国排污许可证管理信息平台有效运转	全国统一性的排污许可证管理制度
	国家发展和改革委员会、住房和城乡建设部《“十三五”全国城镇污水处理及再生利用设施建设规划》	到2020年年底，地级及以上城市建成区基本实现污水全收集、全处理	统筹推进“十三五”全国城镇污水处理及再生利用设施建设工作
	国家发展和改革委员会、科技部、工信部、环境保护部《“十三五”节能环保产业发展规划》	到2020年，节能环保产业将成为国民经济支柱产业	主要针对节能环保产业作出总体部署
	环境保护部《国家环境保护标准“十三五”发展规划》	系统制定出三大污染防治行动计划的施工图	进一步优化国家环境保护标准体系，满足新时期环境管理需求

续表

时间	部分政策	关键要求/指标	促进作用
2016年	环境保护部《水环境质量分析及预警工作方案》	体现了我国环境管理由单纯的总量目标削减，向基于质量目标的分区、分类、分级的理念，以解决水环境质量问题为目标的精准管理思想转变	是我国水环境保护与管理由粗放向精准、精细化发展之必然
	中共中央办公厅、国务院办公厅《关于全面推行河长制的意见》	中国31个省级行政区党委或政府的“一把手”将有一个新头衔——“总河长”，并且从省到县，都将建立“河长”制度	要求各地区各部门结合实际认真贯彻落实
	环境保护部《水污染防治法（修订草案）》（征求意见稿）及其编制说明	强化地方责任，突出饮用水安全保障，完善排污许可与总量控制、区域流域水污染联合防治等制度，加严水污染防治措施，加大对超标、超总量排放等的处罚力度	加强环境法治建设是我国环保工作的重要内容和主要目标之一
	《中华人民共和国环境保护税法》获得十二届全国人大常委会第二十五次会议表决通过	将对火电、钢铁、水泥、煤炭、化工等重点工业企业产生显著影响，企业多排污就多交税	有利于遏制高耗能和高污染企业的发展，助力经济转型升级
	环境保护部、住房和城乡建设部《关于加强城镇污水处理设施污泥处理处置减排核查核算工作的通知》	首次将污泥妥善处理处置纳入污水总量减排考核，对各种不规范理处置污泥的行为，扣减该部分污泥对应的城镇污水处理化学需氧量和氨氮削减量	预示着从国家层面将对污泥违规处理处置行为零容忍
2017年	财政部、住房和城乡建设部、农业农村部、环境保护部《关于政府参与的污水、垃圾处理项目全面实施PPP模式的通知》	推进PPP模式应用，实现污水处理厂网一体，实施绩效考核和按效付费	推动污水处理向“厂网并举、量质并重”，注重提升污水处理效能和服务质量

第二节　中国城镇排水与污水处理行业相关法律法规及标准规范的指标及内涵

近年来，我国有关城市排水与污水处理方面的法律法规在不断的发展完善，逐步形成了以《中华人民共和国水污染防治法》（2017）、《中华人民共和国水法》（2016）等法律为基础，以《城镇排水与污水处理条例》为主体，以及《城镇污水排入排水管网许可管理办法》等一系列部门规章以及地方性法规、地方性规章等组成的法律法规体系。

一、法律法规

目前，我国城市排水与污水处理方面并没有专门的法律出台，但可从《水污染防治法》(2017)、《水法》(2016) 等相关法律中查到相关的规定。

(一)《水污染防治法》

《水污染防治法》(2017) 中第四十九至五十一条对城市污水的处理做出了明确规定。第四十九条是城镇污水集中处理的相关规定，规定了各级政府及部门在污水集中处理方面的职责，并规定了污水处理费的收取与用途；第五十条规定了污水排放及污水处理出水水质的要求；第五十一条规定了城市污水处理中污泥的处置。同时，在法律责任一章中规定了污水排放及污泥处置等方面的法律责任。具体如下：

第四十九条　城镇污水应当集中处理。

县级以上地方人民政府应当通过财政预算和其他渠道筹集资金，统筹安排建设城镇污水集中处理设施及配套管网，提高本行政区域城镇污水的收集率和处理率。

国务院建设主管部门应当会同国务院经济综合宏观调控、环境保护主管部门，根据城乡规划和水污染防治规划，组织编制全国城镇污水处理设施建设规划。县级以上地方人民政府组织建设、经济综合宏观调控、环境保护、水行政等部门编制本行政区域的城镇污水处理设施建设规划。县级以上地方人民政府建设主管部门应当按照城镇污水处理设施建设规划，组织建设城镇污水集中处理设施及配套管网，并加强对城镇污水集中处理设施运营的监督管理。

城镇污水集中处理设施的运营单位按照国家规定向排污者提供污水处理的有偿服务，收取污水处理费用，保证污水集中处理设施的正常运行。收取的污水处理费用应当用于城镇污水集中处理设施的建设运行和污泥处理处置，不得挪作他用。

城镇污水集中处理设施的污水处理收费、管理以及使用的具体办法，由国务院规定。

第五十条　向城镇污水集中处理设施排放水污染物，应当符合国家或者地方规定的水污染物排放标准。

城镇污水集中处理设施的运营单位，应当对城镇污水集中处理设施的出水水质负责。

环境保护主管部门应当对城镇污水集中处理设施的出水水质和水量进行监督检查。

第五十一条　城镇污水集中处理设施的运营单位或者污泥处理处置单位应当安全处理处置污泥，保证处理处置后的污泥符合国家标准，并对污泥的去向等进行记录。

(二)《水法》

《水法》(2016) 在第二十三条中规定了地方各级人民政府在排水与污水处理

方面的职责，具体为：地方各级人民政府应当结合本地区水资源的实际情况，按照地表水与地下水统一调度开发、开源与节流相结合、节流优先和污水处理再利用的原则，合理组织开发、综合利用水资源。国民经济和社会发展规划以及城市总体规划的编制、重大建设项目的布局，应当与当地水资源条件和防洪要求相适应，并进行科学论证；在水资源不足的地区，应当对城市规模和建设耗水量大的工业、农业和服务业项目加以限制。第二十八条规定：任何单位和个人引水、截（蓄）水、排水，不得损害公共利益和他人的合法权益。第五十二条规定：城市人民政府应当因地制宜采取有效措施，推广节水型生活用水器具，降低城市供水管网漏失率，提高生活用水效率；加强城市污水集中处理，鼓励使用再生水，提高污水再生利用率。

（三）《城镇排水与污水处理条例》

2013 年 10 月公布的《城镇排水与污水处理条例》，是我国城镇排水与污水处理方面的专门立法，也是我国城市排水与污水处理领域首部专门性的行政法规。历经 20 多年的立法工作努力，《城镇排水与污水处理条例》在总结实践经验的基础上，吸收了《关于加强城市基础设施建设的意见》（国发〔2013〕36 号）、《关于做好城市排水防涝设施建设工作的通知》（国办发〔2013〕23 号）等有关城镇排水与污水处理的政策内容。

《城镇排水与污水处理条例》对城镇排水与污水处理规划制度、污水排入排水管网许可制度、污泥安全处理处置管理制度、城镇排水与污水处理设施维护保护制度、污水处理费管理和运营服务费核拨制度、设施维护运营单位准入和退出机制、城镇排涝风险评估和灾害后评估等制度、排水与污水处理监督考核和信息公开制度等多项制度加以确立，对我国城市排水与污水处理行业提供了明确依据，如图 2-1 所示。

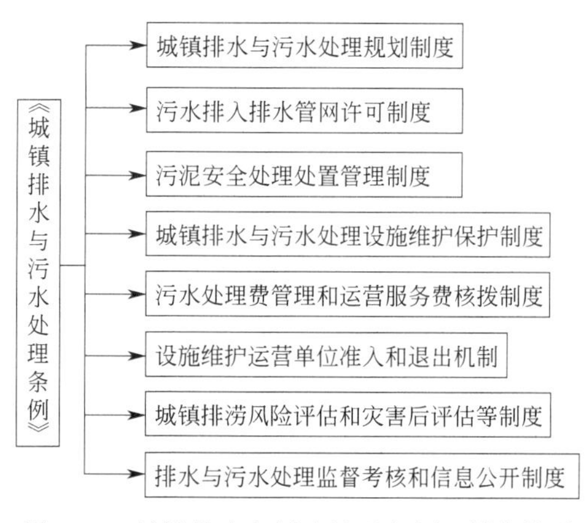

图 2-1 《城镇排水与污水处理条例》制度体系

（四）其他

此外，在《环境保护法》（2014）、《城乡规划法》（2019）、《防洪法》（2016）、《海洋环境保护法》（2017）等法律中也有排水与污水处理的相关规定，这些都为我国城市排水与污水治理提供了基础的法律依据。如表 2-2 所示。

我国城市排水与污水处理的法律依据　　表 2-2

法律名称	内容
《环境保护法》（2014）	第五十条　各级人民政府应当在财政预算中安排资金，支持农村饮用水水源地保护、生活污水和其他废弃物处理、畜禽养殖和屠宰污染防治、土壤污染防治和农村工矿污染治理等环境保护工作。 第五十一条　各级人民政府应当统筹城乡建设污水处理设施及配套管网，固体废物的收集、运输和处置等环境卫生设施，危险废物集中处置设施、场所以及其他环境保护公共设施，并保障其正常运行
《城乡规划法》（2019）	第三十五条　城乡规划确定的铁路、公路、港口、机场、道路、绿地、输配电设施及输电线路走廊、通信设施、广播电视设施、管道设施、河道、水库、水源地、自然保护区、防汛通道、消防通道、核电站、垃圾填埋场及焚烧厂、污水处理厂和公共服务设施的用地以及其他需要依法保护的用地，禁止擅自改变用途
《防洪法》（2016）	第十四条　平原、洼地、水网圩区、山谷、盆地等易涝地区的有关地方人民政府，应当制定除涝治涝规划，组织有关部门、单位采取相应的治理措施，完善排水系统，发展耐涝农作物种类和品种，开展洪涝、干旱、盐碱综合治理。 第二十七条　建设跨河、穿河、穿堤、临河的桥梁、码头、道路、渡口、管道、缆线、取水、排水等工程设施，应当符合防洪标准、岸线规划、航运要求和其他技术要求，不得危害堤防安全、影响河势稳定、妨碍行洪畅通…… 第三十七条　任何单位和个人不得破坏、侵占、毁损水库大坝、堤防、水闸、护岸、抽水站、排水渠系等防洪工程和水文、通信设施以及防汛备用的器材、物料等
《海洋环境保护法》（2017）	第三十四条　含病原体的医疗污水、生活污水和工业废水必须经过处理，符合国家有关排放标准后，方能排入海域。 第三十五条　含有机物和营养物质的工业废水、生活污水，应当严格控制向海湾、半封闭海及其他自净能力较差的海域排放。 第四十条　沿海城市人民政府应当建设和完善城市排水管网，有计划地建设城市污水处理厂或者其他污水集中处理设施，加强城市污水的综合整治。建设污水海洋处置工程，必须符合国家有关规定

二、部门规章

为更好地开展城市排水与污水处理管理工作，保护水资源并防治水环境污染，住房和城乡建设部印发《城市排水许可管理办法》（2006），2007 年 3 月 1 日起施行，该办法对城镇排水与污水处理起到了一定的规制作用。2015 年，住房和城乡建设部发布《城镇污水排入排水管网许可管理办法》（住房和城乡建设部令第 21 号），废止《城市排水许可管理办法》。在《城镇排水与污水处理条例》基础上制定的《城镇污水排入排水管网许可管理办法》，是对城镇污水排放加以规制的具体办法，目的是加强对污水排入城镇排水管网的管理，保障城镇排水与污水处理设施的安全运行，防治城镇水污染。

第三节　中国城镇排水与污水处理行业相关政策及标准规范

一、排水及污水处理

2013 年 3 月，国务院办公厅印发《关于做好城市排水防涝设施建设工作的通知》（国办发〔2013〕23 号），提出力争用 5 年时间完成排水管网的雨污分流改造，用 10 年左右的时间，建成较为完善的城市排水防涝工程体系。同时，在编制规划、设施建设、保障措施及组织领导 4 个方面提出了具体的措施，包括及时研究修订《室外排水设计规范》GB 50014 等标准规范；健全法规标准，加快推进出台城镇排水与污水处理条例等。该文件的出台，为我国城市排水与污水处理指明了工作方向，明确了各方责任，为《城市排水与污水处理条例》的出台奠定了基础。

2013 年 9 月，国务院印发《关于加强城市基础设施建设的意见》（国发〔2013〕36 号），该文件以城市道路交通基础设施、城市管网、污水和垃圾处理设施、生态园林等为重点，提出了建设、改进要求。文件中明确提出，要加强城市各类地下管网（如供水管网、污水管网、雨水管网等）的规划、建设、改造和检查，编制完成城市排水防涝设施规划，加快雨污分流管网改造与排水防涝设施建设，加快建设污水处理设施，在设施建设方面为城市排水与污水处理提供保障。

2014 年 1 月，住房和城乡建设部印发《县（市）域城乡污水统筹治理导则（试行）》（建村〔2014〕6 号），提出按照统一管理、统一规划、统一建设和统一运行的原则，解决农村污水治理难题、保障污水处理设施建设和运行。

2014 年 6 月，针对我国当前城市快速发展过程中地下管线建设规模不足、管理水平不高等问题，为进一步加强对城市地下管线建设的管理，保障城市安全，提升城市综合承载能力，并不断提高我国城镇化发展的质量，国务院办公厅出台了《关于加强城市地下管线建设管理的指导意见》（国办发〔2014〕27 号）。该文件明确提出：城市地下管线是指城市范围内供水、排水、燃气、热力、电力、通信、广播电视、工业等管线及其附属设施，是保障城市运行的重要基础设施和生命线，文件从加强规划统筹，严格规划管理；统筹工程建设，提高建设水平；加强改造维护，消除安全隐患；开展普查工作，完善信息系统；完善法规标准，加大政策支持 5 个方面对包括城市排水管线在内的地下管线建设管理提出了具体的要求。还提出开展城市基础设施和综合管廊建设等政府和社会资本合作机制（PPP）试点，吸引社会资本参与城市地下管线的建设。

2015 年 8 月，为适应新型城镇化和现代化城市建设的要求，国务院办公厅出台了《关于推进城市地下综合管廊建设的指导意见》（国办发〔2015〕61 号），进一步对城市排水等管线的建设提出了要求，即以地下综合管廊形式敷设城市各类地下管线。该文件依然坚持规划先行的原则，同时提出了完善规范标准、明确实施主体、确保质量安全等方面的要求。

2016 年 11 月，国务院印发的《“十三五”生态环境保护规划》（国发〔2016〕65 号）中明确提出，加快完善城镇污水处理系统。全面加强城镇污水处理及配套管网建设，加大雨污分流、清污混流污水管网改造，优先推进城中村、老旧城区和城乡接合部污水截流、收集、纳管，消除河水倒灌、地下水渗入等现象。到2020年，全国所有县城和重点镇具备污水收集处理能力，城市和县城污水处理率分别达到95%和85%左右，地级及以上城市建成区基本实现污水全收集、全处理。提升污水再生利用和污泥处置水平，大力推进污泥稳定化、无害化和资源化处理处置，地级及以上城市污泥无害化处理处置率达到90%，京津冀区域达到95%。因地制宜实施城镇污水处理厂升级改造，有条件的应配套建设湿地生态处理系统，加强废水资源化、能源化利用。敏感区域（重点湖泊、重点水库、近岸海域汇水区域）城镇污水处理设施应于2017年底前全面达到一级A排放标准。建成区水体水质达不到地表水Ⅳ类标准的城市，新建城镇污水处理设施要执行一级A排放标准。到2020年，实现缺水城市再生水利用率达到20%以上，京津冀区域达到30%以上。

2018年10月，国务院办公厅印发《关于保持基础设施领域补短板力度的指导意见》（国办发〔2018〕101号），将推进保障性安居工程和城镇公共设施、城市排水防涝设施建设，加快推进“最后一公里”水电气路邮建设作为基础设施领域补短板的重点任务，保持有效投资力度，进一步增强基础设施对促进城乡和区域协调发展、改善民生等方面的支撑作用。

2020年7月，国家发展和改革委员会、住房和城乡建设部印发《城镇生活污水处理设施补短板强弱项实施方案》（发改环资〔2020〕1234号），提出：强化城镇污水处理厂弱项。按照因地制宜、查漏补缺、有序建设、适度超前的原则，统筹考虑城镇（含易地扶贫搬迁后）人口容量和分布，坚持集中与分散相结合，科学确定城镇污水处理厂的布局、规模。目前没有污水处理厂的县城要尽快建成生活污水处理设施，现有污水处理能力不能满足需求的城市和县城要加快补齐处理能力缺口，大中型城市污水处理厂建设规模可适度超前。补齐城镇污水收集管网短板。将城镇污水收集管网建设作为补短板的重中之重。新建污水集中处理设施，必须合理规划建设服务片区污水收集管网，确保污水收集能力。中央预算内资金不再支持收集管网不配套的污水处理厂新改扩建项目。城市和县城要加快城中村、老旧城区、城乡接合部和易地扶贫搬迁安置区的生活污水收集管网建设，加快消除收集管网空白区。结合老旧小区和市政道路改造，推动支线管网和出户管的连接建设，补上“毛细血管”，实施混错接、漏接、老旧破损管网更新修复，提升污水收集效能。

2021年2月，国务院印发《关于加快建立健全绿色低碳循环发展经济体系的指导意见》（国发〔2021〕4号），提出推进城镇环境基础设施建设升级。推进城镇污水管网全覆盖，推动城镇生活污水收集处理设施“厂网一体化”，加快建设污泥无害化资源化处置设施，因地制宜布局污水资源化利用设施，基本消除城市黑臭水体。

2021年3月，《中华人民共和国国民经济和社会发展第十四个五年规划和2035年远景目标纲要（草案）》提出，构建集污水、垃圾、固废、危废、医废处理处置设施和监测监管能力于一体的环境基础设施体系，形成由城市向建制镇和乡村延伸覆盖的环境基础设施网络。推进城镇污水管网全覆盖，开展污水处理差别化精准提标，推广污泥集中焚烧无害化处理，城市污泥无害化处置率达到90%，地级及以上缺水城市污水资源化利用率超过25%。同时，健全现代环境治理体系：建立地上地下、陆海统筹的生态环境治理制度。全面实行排污许可制，实现所有固定污染源排污许可证核发，推动工业污染源限期达标排放，推进排污权、用能权、用水权、碳排放权市场化交易。

从以上政策文件中，可以看出我国城市排水与污水处理工作在国家政策层面不断改进、不断深化，从最初的城市排水防涝设施建设、基础设施建设、地下管线建设、地下综合管廊建设，到近年来作为基础设施补短板的重要领域、绿色低碳循环发展经济体系的重要组成部分，城市排水与污水处理工作在国家政策层面的地位不断提升。同时，各文件相互承继、相互联系，共同构成城市排水与污水处理的政策体系，对我国城市排水与污水处理工作有着重要的指导意义。

二、污泥处理处置

2009年2月，住房和城乡建设部、环境保护部、科学技术部共同印发《城镇污水处理厂污泥处理处置及污染防治技术政策（试行）》（建城〔2009〕23号），在污泥处理处置规划和建设、污泥处置技术路线、污泥处理技术路线、污泥运输和储存、污泥处理处置安全运行与监管、污泥处理处置保障措施等方面进行了规定，避免二次污染，保护和改善生态环境，促进节能减排和污泥资源化利用。

2015年4月，国务院印发《水污染防治行动计划》（国发〔2015〕17号），提出推进污泥处理处置。污水处理设施产生的污泥应进行稳定化、无害化和资源化处理处置，禁止处理处置不达标的污泥进入耕地。非法污泥堆放点一律予以取缔。现有污泥处理处置设施应于2017年底前基本完成达标改造，地级及以上城市污泥无害化处理处置率应于2020年底前达到90%以上。

2016年2月，环境保护部、住房和城乡建设部共同印发《关于加强城镇污水处理设施污泥处理处置减排核查核算工作的通知》（环办总量函〔2016〕391号），提出污泥妥善处理处置是充分发挥城镇污水处理主要污染物减排作用的重要环节，各地要将污泥妥善处理处置纳入城镇污水处理减排统一监管。对各种不规范处理处置污泥的行为，扣减该部分污泥对应额城镇污水处理化学需氧量和氨氮削减量。

2016年12月，国家发展和改革委员会、住房和城乡建设部共同印发《“十三五”全国城镇污水处理及再生利用设施建设规划》（发改环资〔2016〕2849号），提出“到2020年底，地级及以上城市污泥无害化处置率达到90%，其他城市达到75%；县城力争达到60%；重点镇提高5个百分点，初步实现建制镇污泥统筹集中处理处置”的工作目标。同时提出重视污泥无害化处理处置，城镇污水处理设施产生的污泥应进行稳定化、无害化处理处置，鼓励资源化利用。现有不达标的污泥处理处置设施应加快完成达标改造。优先解决污泥产生量大、存在二次污染隐患地区的污泥处理处置问题。建制镇污水处理设施产生的污泥可考虑统筹集中处理处置。

2017年5月，住房和城乡建设部、国家发展和改革委员会印发《全国城市市政基础设施建设“十三五”规划》（建城〔2017〕116号），提出“到2020年，地级市污泥无害化处置率达到90%，县级市达到75%，县城力争达到60%”的工作目标，同时提出强化污泥无害化处理处置，按照“绿色、循环、低碳”原则建设污泥处置设施。现有不达标的污泥处理处置设施应加快完成达标改造，优先解决污泥产生量大、存在二次污染隐患地区的污泥处置问题。污泥处置设施布局应“集散结合、适当集中”，提高处理的规模效应。因地制宜选择污泥处理处置措施，拓展达到稳定化、无害化标准污泥制品的使用范围。尽可能回收污泥中的资源、能源。

2018年9月，住房和城乡建设部、生态环境部印发《城市黑臭水体治理攻坚战实施方案》（建城〔2018〕104号），提出完善污水处理收费政策，各地要按规定将污水处理收费标准尽快调整到位，原则上应补偿到污水处理和污泥处置设施正常运营并合理盈利，加大污水处理费收缴力度，严格征收使用管理。

2019年4月，住房和城乡建设部、生态环境部、国家发展和改革委员会印发《城镇污水处理提质增效三年行动方案（2019—2021年）》（建城〔2019〕52号），提出推进污泥处理处置及污水再生利用设施建设。地方各级人民政府要尽快将污水处理费收费标准调整到位，原则上应当补偿污水处理和污泥处理处置设施正常运营成本并合理盈利；要提升自备水、污水处理费征缴率。

2020年7月，国家发展和改革委员会、住房和城乡建设部印发《城镇生活污水处理设施补短板强弱项实施方案》（发改环资〔2020〕1234号），提出加快推进污泥无害化处置和资源化利用。在污泥浓缩、调理和脱水等减量化处理基础上，根据污泥产生量和泥质，结合本地经济社会发展水平，选择适宜的处置技术路线。污泥处理处置设施要纳入本地污水处理设施建设规划，县级及以上城市要全面推进污水处理设施能力建设，县城和建制镇可统筹考虑集中处置。限制未经脱水处理达标的污泥在垃圾填埋场填埋，东部地区地级及以上城市、中西部地区大中型城市加快压减污泥填埋规模。在土地资源紧缺的大中型城市鼓励采用“生物质利用＋焚烧”处置模式。将垃圾焚烧发电厂、燃煤电厂、水泥窑等协同处置方式作为污泥处置的补充。推广将生活污泥焚烧灰渣作为建材原料加以利用。鼓励采用厌氧消化、好氧发酵等方式处理污泥，经无害化处理满足相关标准后，用于土地改良、荒地造林、苗木抚育、园林绿化和农业利用。

三、再生水利用

2012 年 12 月，住房和城乡建设部印发《城镇污水再生利用技术指南（试行）》（建城〔2012〕197 号），明确了污水再生利用技术路线、再生处理技术/工艺方案、再生利用工程建设与设施运行维护、再生利用风险管控等内容，对城镇污水再生利用工作提出了系统性要求，适用于指导我国城镇污水处理再生全流程工作。

2015 年 4 月，国务院印发《水污染防治行动计划》（国发〔2015〕17 号），明确提出以缺水及水污染严重地区城市为重点，完善再生水利用设施，工业生产、城市绿化、道路清扫、车辆冲洗、建筑施工以及生态景观等用水，要优先使用再生水。同时提出“到 2020 年，缺水城市再生水利用率达到 20%以上”的基本工作目标。

2016 年 12 月，国家发展和改革委员会、住房和城乡建设部共同印发《“十三五”全国城镇污水处理及再生利用设施建设规划》（发改环资〔2016〕2849 号），提出到 2020 年底，城市和县城再生水利用率进一步提高；京津冀地区不低于 30%，缺水城市再生水利用率不低于 20%，其他城市和县城力争达到 15%。

2017 年 5 月，住房和城乡建设部、国家发展和改革委员会印发《全国城市市政基础设施建设“十三五”规划》（建城〔2017〕116 号），提出“到 2020 年，京津冀区域再生水利用率达到 30%以上，缺水城市达到 20%以上，其他城市力争达到 15%，县城力争达到 15%”的工作目标。同时提出：实施城市节水综合改造，推进城市再生水、雨水、海水淡化水等非常规水源的利用，全面建设节水型城市。

2018 年 9 月，住房和城乡建设部、生态环境部印发《城市黑臭水体治理攻坚战实施方案》（建城〔2018〕104 号），提出推进再生水、雨水用于生态补水。鼓励将城市污水处理厂再生水、分散污水处理设施尾水以及经收集和处理后的雨水用于河道生态补水。推进初期雨水收集处理设施建设。

2019 年 4 月，住房和城乡建设部、生态环境部、国家发展和改革委员会印发《城镇污水处理提质增效三年行动方案（2019—2021 年）》（建城〔2019〕52 号），提出：推进污泥处理处置及污水再生利用设施建设。

2020 年 7 月，国家发展和改革委员会、住房和城乡建设部印发《城镇生活污水处理设施补短板强弱项实施方案》（发改环资〔2020〕1234 号），提出缺水地区、水环境敏感区域，要结合水资源禀赋、水环境保护目标和技术经济条件，开展污水处理厂提升改造，积极推动污水资源化利用，推广再生水用于市政杂用、工业用水和生态补水等。

四、污水处理收费

2002年，原国家计划委员会、住房和城乡建设部、国家环保总局印发《关于印发推进城市污水、垃圾处理产业化发展意见的通知》（计投资〔2002〕1591号），首次明确要逐步建立符合市场经济规律的污水、垃圾处理收费制度，为城市污水、垃圾处理的产业化发展创造必要的条件。征收的污水处理费要能够补偿城市污水处理厂运营成本和合理的投资回报，有条件的城市，可适当考虑污水管网的建设费用。污水和垃圾处理费的征收标准可按保本微利、逐步到位的原则核定。在城市范围内排放污水、产生垃圾的单位和个人（包括使用自备水源的），均应缴纳污水处理费和垃圾处理费。该制度奠定了污水处理行业引入市场机制、进入快速发展阶段的基础。

2007年5月，《国务院关于印发节能减排综合性工作方案的通知》（国发〔2007〕15号）首次明确，全面开征城市污水处理费并提高收费标准，每吨水平均收费标准原则上不低于0.8元。这是污水处理收费首次有了“国家标准”。

2014年12月31日，财政部、国家发展和改革委员会、住房和城乡建设部印发《污水处理费征收使用管理办法》（财税〔2014〕151号）。该办法分总则、征收缴库、使用管理、法律责任、附则共5章38条，自2015年3月1日起施行。该办法明确了污水处理费的征收标准，按照覆盖污水处理设施正常运营和污泥处理处置成本并合理盈利的原则制定，由县级以上的地方价格、财政和排水主管部门提出意见，报同级人民政府批准后执行。

2015年1月21日，国家发展和改革委员会、财政部、住房和城乡建设部印发《关于制定和调整污水处理收费标准等有关问题的通知》（发改价格〔2015〕119号），明确了污水处理收费标准应按照“污染付费、公平负担、补偿成本、合理盈利”的原则，且应综合考虑本地区水污染防治形势和经济社会承受能力等因素制定和调整，收费标准要补偿污水处理和污泥处置设施的运营成本并合理盈利。2016年底前，设市城市污水处理收费标准原则上每吨应调整至居民不低于0.95元，非居民不低于1.4元；县城、重点建制镇原则上每吨应调整至居民不低于0.85元，非居民不低于1.2元。已经达到最低收费标准但尚未补偿成本并合理盈利的，应当结合污染防治形势等进一步提高污水处理收费标准。未征收污水处理费的市、县和重点建制镇，最迟应于2015年底前开征，并在3年内建成污水处理厂投入运行。

2021年3月，《中华人民共和国国民经济和社会发展第十四个五年规划和2035年远景目标纲要（草案）》中提出，强化绿色发展的法律和政策保障。实施有利于节能环保和资源综合利用的税收政策。大力发展绿色金融。健全自然资源有偿使用制度，创新完善自然资源、污水垃圾处理、用水用能等领域价格形成机制。明确了污水收费的价格机制的创新要求。

第四节　中国城镇排水与污水处理行业相关标准规范中监管指标的内涵

一、排水及污水处理

（一）《城镇污水处理厂污染物排放标准》GB 18918—2002

为促进城镇污水处理厂的建设和管理，加强城镇污水处理厂污染物的排放控制和污水资源化利用，保障人体健康，维护良好的生态环境，国家环境保护总局、国家技术监督检验总局于 2002 年 12 月共同发布《城镇污水处理厂污染物排放标准》GB 18918—2002，自 2003 年 7 月 1 日实施。本标准自实施之日起，城镇污水处理厂水污染物、大气污染物的排放和污泥的控制一律执行本标准。

该标准是专门针对城镇污水处理厂污水、废气、污泥污染物排放制定的国家专业污染物排放标准，分年限规定了城镇污水处理厂出水、废气和污泥中污染物的控制项目和标准值。居民小区和工业企业内的独立的生活污水处理设施污染物的排放管理也按该标准执行。排入城镇污水处理厂的工业废水和医院污水，应达到《污水综合排放标准》GB 8978—1996、相关行业的国家排放标准、地方排放标准的相应规定限值及地方总量控制的要求。

2006 年 5 月，国家环保总局发布《〈城镇污水处理厂污染物排放标准〉（GB 18918—2002）修改单的公告》（公告 2006 年 第 21 号），提出城镇污水处理厂出水排入国家和省确定的重点流域及湖泊、水库等封闭、半封闭水域时，执行一级标准的 A 标准，排入《地表水环境质量标准》GB 3838—2002 规定的Ⅲ类功能水域（划定的饮用水源保护区和游泳区除外）、《海水水质标准》GB 3097—1997 规定的海水二类功能水域时，执行一级标准的 B 标准。

1. 水污染物控制项目及分类

根据污染物的来源及性质，该标准将城镇污水污染物控制项目分为两类：

第一类为基本控制项目，是必须执行的内容。主要为影响水环境和城镇污水处理厂一般处理工艺可以去除的常规污染物，以及部分一类污染物，共 19 项，包括：COD、BOD_5、SS、动植物油、石油类、阴离子表面活性剂、总氮、氨氮、总磷、色度、pH、粪大肠菌群数、总汞、烷基汞、总镉、总铬、六价铬、总砷、总铅等。

第二类为选择控制项目，由地方环境保护行政主管部门根据污水处理厂接纳的工业污染物的类别和水环境质量要求选择控制。主要是对环境有较长期影响或毒性较大的污染物，或是影响生物处理、在城市污水处理厂又不易去除的有毒有害化学物质和微量有机污染物，共计 43 项，如挥发酚、总氰化物、硫化物、甲醛、苯胺类、总硝基化合物、三氯乙烯、四氯化碳等。

2. 水污染物标准分级

根据城镇污水处理厂排入地表水域环境功能和保护目标，以及污水处理厂的处理工艺，将基本控制项目的常规污染物标准值分为三级：一级标准、二级标准、三级标准，一级标准又分为A标准和B标准。一类重金属污染物和选择控制项目不分级。

根据不同工艺对污水处理程度和受纳水体环境功能和保护目标，三级标准分别适用于不同条件。其中：一级A标准是城镇污水处理厂出水作为回用水的基本要求。当污水处理厂出水引入稀释能力较小的河湖作为城镇景观用水和一般回用水等用途时，执行一级标准的A标准。城镇污水处理厂出水排入国家和省确定的重点流域及湖泊、水库等封闭、半封闭水域时，执行一级标准的A标准，排入《地表水环境质量标准》GB 3838—2002规定的地表水Ⅲ类功能水域（划定的饮用水源保护区和游泳区除外）、《海水水质标准》GB 3097—1997海水二类功能水域时，执行一级标准的B标准。城镇污水处理厂出水排入《地表环境质量标准》GB 3838—2002规定的地表水Ⅳ、Ⅴ类功能水域或《海水水质标准》GB 3097—1997海水三、四类功能海域，执行二级标准。非重点控制流域和非水源保护区的建制镇的污水处理厂，根据当地经济条件和水污染控制要求，采用一级强化处理工艺时，执行三级标准。但必须预留二级处理设施的位置，分期达到二级标准。

一级标准是为了实现城镇污水资源化利用和重点保护饮用水源的目的，适用于补充河湖景观用水和再生利用，应采用深度处理或二级强化处理工艺。二级标准主要是以常规或改进的二级处理为主的处理工艺为基础制定。三级标准是为了在一些经济欠发达的特定地区，根据当地的水环境功能要求和技术经济条件，可先进行一级半处理，适当放宽的过渡性标准。

3. 大气污染物排放标准

根据城镇污水处理厂所在地区的大气环境质量要求和大气污染物治理技术和设施条件分为三级标准，即《环境空气质量标准》GB 3095—2012规定的一类区的所有（包括现有和新建、改建、扩建）城镇污水处理厂执行一级标准。位于二类区和三类区的城镇污水处理厂，分别执行二级标准和三级标准。同时，标准还明确了氨、硫化氢、臭气浓度、甲烷4类大气污染物在三级标准中对应的最高允许排放浓度，明确了大气污染物取样与监测的标准。

4. 污泥控制标准

《城镇污水处理厂污染物排放标准》GB 18918—2002针对厌氧消化、好氧消化、好氧堆肥等3种稳定化方法，提出了有机物降解率、含水率、蠕虫卵死亡率、粪大肠菌群菌值等控制项目和控制指标，同时污泥含水率应小于80%。对用于农业的污泥，标准分别针对酸性土壤、中性和碱性土壤3种情况提出了14

种控制项目的最高允许含量。

(二)《污水排入城镇下水道水质标准》GB/T 31962—2015

2015年9月，国家质量监督检验检疫总局、国家标准化管理委员会共同发布《污水排入城镇下水道水质标准》GB/T 31962—2015，自2016年8月1日起实施。该标准规定了污水排入城镇下水道的水质、取样与监测要求，适用于向城镇下水道排放污水的排水户和个人的排水安全管理。

《污水排入城镇下水道水质标准》GB/T 31962—2015重点包括要求、取样与监测两部分。一是明确了污水排入城镇下水道的一般规定，即严禁排入可能导致下水道堵塞、淤积的物质，严禁排入有腐蚀性、有毒有害、易燃易爆的物质。二是根据城镇下水道末端污水处理厂的处理程度，将控制项目限值分为A、B、C三个等级，污水处理厂采用不同处理方式时，排入下水道的水质应符合相应规定。三是明确了污水排入下水道进行取样和监测的方法、标准。

(三)《污水综合排放标准》GB 8978—1996

1996年10月，国家环境保护总局批准发布《污水综合排放标准》GB 8978—1996，1998年1月1日起实施。该标准按照污水排放去向，分年限规定了69种水污染物最高允许排放浓度及部分行业最高允许排水量。同时，按照国家综合排放标准与国家行业排放标准不交叉执行的原则，有行业水污染物排放标准的行业，不再执行《污水综合排放标准》GB 8978—1996。

《污水综合排放标准》GB 8978—1996作为我国污水排放的综合类标准，在以下方面进行了规范：一是进行标准分级，即根据受纳水体的类别，污水执行不同的标准。二是明确标准值，即按照污染物的性质及控制方式分为两类：第一类污染物对生态环境危害较大，不分行业和污水排放方式，也不分受纳水体的功能类别，一律在车间或车间处理设施口采样，明确其最高允许排放浓度，第二类污染物在排污单位排放口采样，明确其最高允许排放浓度。三是明确了监测方式。

针对多种工业污染物，生态环境部又逐步出台了一系列单独的标准规范，如《医疗机构水污染物排放标准》GB 18466—2005、《煤炭工业污染物排放标准》GB 20426—2006、《皂素工业水污染物排放标准》GB 20425—2006、《纺织染整工业水污染物排放标准》GB 4287—2012，原《污水综合排放标准》GB 8978—1996中的相关内容已经逐步被替代。

(四)《农村生活污水处理工程技术标准》GB/T 51347—2019

2019年4月，住房和城乡建设部、国家市场监督管理总局共同发布《农村生活污水处理工程技术标准》GB/T 51347—2019，自2019年12月1日起实施。该标准在设计水量和水质、污水收集、污水处理、施工与验收、运行维护及管理等方面进行了规定，并重点解决了以下问题：一是确定农村污水的处理方法。结合农村需求和技术成熟度，建议以县级行政区域为单位实行统一规划，统一建设，统一运行和统一管理。二是优化设计水量和水质计算。标准所列的数据范围仅在基本没有数据的情况下供当地参考，实地调查应是确定农村污水排放和水质的首要选择。三是强调农村污水收集管网的重要作用。建议根据位移和坡度确定管道直径和流量，并制定管道和检查井的管理规定。四是优化农村污水处理技术参数。标准对具体工艺参数进行了优化，以适应我国农村污水的特点。

（五）《城镇排水与污水处理服务》GB/T 34173—2017

2017 年 9 月，国家市场监督管理总局、国家标准化管理委员会共同发布《城镇排水与污水处理服务》GB/T 34173—2017，自 2018 年 8 月 1 日起实施。该标准规定了城镇排水与污水处理服务的基本要求、城镇排水服务、污水处理服务、再生水供应服务和服务质量评价，适用于设施运营单位提供的城镇排水与污水处理服务。

二、污泥

污水处理厂的污泥具有双面性，即资源性和危害性。一方面，污水污泥含有氮磷等营养物质和大量有机质，使其具备了制造肥料和作为燃料的基本条件；另一方面，污水污泥又含有大量病原菌、重金属离子、寄生虫（卵）和生物难降解物质，特别是污水处理的对象含工业废水时，污泥中可能含有较多的重金属离子和有毒有害化学物质。因此，从环境可持续发展的角度考虑，需要首先建立完备的污泥处理处置标准体系。在我国现行标准规范体系中，涉及污泥处理处置方面的标准规范种类繁多，但每个标准规范适用范围较小。

（一）各类标准规范基本情况

据不完全统计，现行有关污水处理厂污泥处理处置的标准规范共有 13 部，其中：

1. 国家强制性标准 3 部。具体见表 2-3：

污泥处理处置的国家强制性标准规范　表 2-3

序号	发布时间	名称	编号	发布单位
1	2002 年 12 月	《城镇污水处理厂污染物排放标准》	GB 18918—2002	国家环境保护总局、国家质量监督检验检疫总局
2	2009 年 7 月	《城镇污水处理厂污泥泥质》	GB 24188—2009	国家质量监督检验检疫总局、国家标准化管理委员会
3	2018 年 5 月	《农用污泥污染物控制标准》	GB 4284—2018	国家市场监督管理总局、中国国家标准化管理委员会

2. 国家推荐性标准 6 部。具体见表 2-4：

污泥处理处置的国家推荐性标准　　表 2-4

序号	发布时间	名称	编号	发布单位
1	2009 年 4 月	《城镇污水处理厂污泥处置 分类》	GB/T 23484—2009	国家质量监督检验检疫总局、国家标准化管理委员会
2	2009 年 4 月	《城镇污水处理厂污泥处置 混合填埋用泥质》	GB/T 23485—2009	国家质量监督检验检疫总局、国家标准化管理委员会
3	2009 年 4 月	《城镇污水处理厂污泥处置 园林绿化用泥质》	GB/T 23486—2009	国家质量监督检验检疫总局、国家标准化管理委员会
4	2009 年 11 月	《城镇污水处理厂污泥处置 土地改良用泥质》	GB/T 24600—2009	国家质量监督检验检疫总局、国家标准化管理委员会
5	2009 年 11 月	《城镇污水处理厂污泥处置 单独焚烧用泥质》	GB/T 24602—2009	国家质量监督检验检疫总局、国家标准化管理委员会
6	2010 年 9 月	《城镇污水处理厂污泥处置 制砖用泥质》	GB/T 25031—2010	国家质量监督检验检疫总局、国家标准化管理委员会

3. 行业标准 4 部。具体见表 2-5：

污泥处理处置的行业标准　　表 2-5

序号	发布时间	名称	编号	发布单位
1	1993 年 7 月	城市污水处理厂污水污泥排放标准(已废止)	CJ 3025—1993	建设部
2	2009 年 4 月	《城镇污水处理厂污泥处置 农用泥质》	CJ/T 309—2009	住房和城乡建设部
3	2009 年 8 月	《城镇污水处理厂污泥处置 水泥熟料生产用泥质》	CJ/T 314—2009	住房和城乡建设部
4	2011 年 2 月	《城镇污水处理厂污泥处置 林地用泥质》	CJ/T 362—2011	住房和城乡建设部
5	2017 年 3 月	《城镇污水处理厂污泥处理 稳定标准》	CJ/T 510—2017	住房和城乡建设部

（二）按主要内容分类

从主要内容来看，目前整理的 13 部标准规范中，相对综合的标准 4 部，根据污泥使用用途制定的标准规范 9 部。分别为：

1. 综合类标准规范（5 部）

(1)《城市污水处理厂污水污泥排放标准》CJ 3025—1993

该标准是城市建设标准，规定了城市污水处理厂排放污水、污泥的检测值及检测、排放与监督，在特定时期起到了一定的作用，但是其内容多是原则性的文字，仅对脱水后污泥的含水率有明确的要求（<80%），而对有机污染物、病原菌并没有明确指标，对重金属污染物更是没有任何的限制，该标准目前已废止。

（2）《城镇污水处理厂污染物排放标准》GB 18918—2002

该标准规定了城镇污水处理厂出水、废气排放和污泥处置（控制）的污染物限值。在污泥处理方面，该标准要求城镇污水处理厂的污泥应进行稳定化处理，规定了厌氧消化、好氧消化、好氧堆肥3种稳定化方法的控制项目，主要为有机物降解率、含水率、蠕虫卵死亡率和粪大肠菌群菌值等。同时规定了污泥农用时，重金属和有机污染物在酸性和碱性土壤中使用的限值。

（3）《城镇污水处理厂污泥处置 分类》GB/T 23484—2009

该标准规定了城镇污水处理厂污泥处置方式的分类。将污泥处置分为4大类、11小类。

1）污泥土地利用。包括：园林绿化、土地改良、农用。

2）污泥填埋。包括：单独填埋、混合填埋。

3）污泥建筑材料利用。包括：制水泥、制砖、制轻质骨料。

4）污泥焚烧。包括：单独焚烧、与垃圾混合焚烧、污泥燃料利用。

（4）《城镇污水处理厂污泥泥质》GB 24188—2009

该标准规定了城镇污水处理厂污泥泥质的控制指标及其限制，适用于城镇污水处理厂的污泥。在泥质要求方面，分为基本控制指标和选择性控制指标。其中：基本控制指标包括pH、含水率、粪大肠菌群菌值和细菌总数，粪大肠菌群菌值和细菌总数限值适用于新建、改建、扩建的城镇污水处理厂。选择性控制指标包括镉、汞、铅等重金属污染物以及矿物油、挥发酚、总氰化物的浓度限值。

（5）《城镇污水处理厂污泥处理 稳定标准》CJ/T 510—2017

该标准规定了城镇污水处理厂污泥稳定处理产物的稳定性判定指标，以及5种污泥稳定方法的过程控制指标。在污泥稳定指标方面，对厌氧消化控制指标、好氧发酵控制指标、好氧消化控制指标、热碱分解控制指标、石灰稳定控制指标5类不同类型、不同用途的污泥处理方式进行了规定，重点关注有机物去除率、粪大肠菌群菌值等指标。

2. 根据污泥使用用途制定的标准规范（9部）

根据污泥使用用途制定的标准规范有9部见表2-6：

根据污泥使用用途制定的标准规范 **表2-6**

序号	名称	编号	主要内容
1	《城镇污水处理厂污泥处置 园林绿化用泥质》	GB/T 23486—2009	规定了城镇污水处理厂污泥园林绿化利用的泥质指标及限值、取样和监测等

续表

序号	名称	编号	主要内容
2	《城镇污水处理厂污泥处置 林地用泥质》	CJ/T 362—2011	规定了城镇污水处理厂污泥林地用泥质、取样和监测
3	《城镇污水处理厂污泥处置 土地改良用泥质》	GB/T 24600—2009	规定了城镇污水处理厂污泥土地改良利用的泥质指标及限制、取样和监测，对污泥外观和嗅觉、稳定化要求、理化指标和养分指标、生物学指标和污染物指标进行了规定
4	《城镇污水处理厂污泥处置 农用泥质》	GB/T 23486—2009	规定了城镇污水处理厂污泥园林绿化利用的泥质指标及限值、取样和监测等
5	《农用污泥污染物控制标准》	GB4284—2018	规定了城镇污水处理厂污泥农用时的污染物控制指标、取样、检测、监测和取样方法，适用于城镇污水处理厂污泥在耕地、园地和牧草地时的污染物控制
6	《城镇污水处理厂污泥处置 混合填埋用泥质》	GB/T 23485—2009	规定了城镇污水处理厂污泥进入生活垃圾卫生填埋场混合填埋处置和用作覆盖土的泥质指标及限值、取样和监测等，将污泥分为混合填埋用和覆盖土用两种类型
7	《城镇污水处理厂污泥处置 水泥熟料生产用泥质》	CJ/T 314—2009	规定了城镇污水处理厂污泥用于水泥熟料生产的泥质指标及限值、取样和监测等
8	《城镇污水处理厂污泥处置 制砖用泥质》	GB/T 25031—2010	规定了城镇污水处理厂污泥制烧结砖利用的泥质、取样和监测
9	《城镇污水处理厂污泥处置 单独焚烧用泥质》	GB/T 24602—2009	规定了城镇污水处理厂单独焚烧利用的泥质指标及限值、取样和监测

（三）按照主要指标分析

通过深入分析以上标准规范，可进一步对比得出如下结论：

1. 对比《城镇污水处理厂污染物排放标准》GB 18918—2002 和《城镇污水处理厂污泥泥质》GB 24188—2009。《城镇污水处理厂污染物排放标准》GB 18918—2002 详细规定了厌氧消化、好氧消化和好氧堆肥 3 种不同污泥稳定化方法下的控制项目，主要包括有机物降解率、含水率、蠕虫卵死亡率、粪大肠菌群菌值等，并规定了污泥农用时的重金属和有机物控制指标限值。《城镇污水处理厂污泥泥质》GB 24188—2009 则规定了 pH、含水率、粪大肠菌群菌值、细菌总数 4 项基本控制指标，将重金属、有机物等控制指标列为选择性控制指标。可以看出，随着时间推移，《城镇污水处理厂污泥泥质》GB 24188—2009 相比于《城镇污水处理厂污染物排放标准》GB 18918—2002，更加重视对重金属、有机物污染物的控制。

2. 对比污泥农用指标，涉及《城镇污水处理厂污染物排放标准》GB 18918—2002、《城镇污水处理厂污泥处置 农用泥质》CJ/T 309—2009 和《农用污泥污染物控制标准》GB 4284—2018。3 部规范均对城镇污水处理厂污泥农用的污染物控制指标提出了详细要求。其中：《城镇污水处理厂污染物排放标准》GB18918—2002 以 pH6.5 为分界，对在酸性、中性及碱性土壤上使用污泥的重金属、有机污染物分别进行了规定；《城镇污水处理厂污泥处置 农用泥质》CJ/T 309—2009 根据施用农作物的不同将污泥分为 A 级和 B 级两种，并分别规定了重金属、有机污染物的浓度限值。见表 2-7、表 2-8。

污染物浓度限值　　表 2-7

序号	控制项目	限值(mg/kg)	
		A 级污泥	B 级污泥
1	总砷	＜30	＜75
2	总镉	＜3	＜15
3	总铬	＜500	＜1000
4	总铜	＜500	＜1500
5	总汞	＜3	＜15
6	总镍	＜100	＜200
7	总铅	＜300	＜1000
8	总锌	＜1500	＜3000
9	苯并(a)芘	＜2	＜3
10	矿物油	＜500	＜3000
11	多环芳烃(PAHs)	＜5	＜6

A 级和 B 级污泥适用作物　　表 2-8

	允许施用作物	禁止施用作物	备注
A 级污泥	蔬菜、粮食作物、油料作物、果树、饲料作物、纤维作物	无	蔬菜收获前 30d 禁止施用;根茎类作物按照蔬菜限制标准
B 级污泥	油料作物、果树、饲料作物、纤维作物	蔬菜、粮食作物	

《农用污泥污染物控制标准》GB 4284—2018 则是根据农用地类型将污泥分为 A 级和 B 级，并分别规定污染物限值。见表 2-9、表 2-10。

允许使用污泥产物的农用地类型和规定　　表 2-9

污泥产物级别	允许施用的农用地类型
A 级污泥	耕地、园地、牧草地
B 级污泥	园地、牧草地、不种植食用农作物的耕地

污泥产物的污染物浓度限值　　表 2-10

序号	控制项目	污染物限值	
		A 级污泥产物	B 级污泥产物
1	总镉(以干基计)(mg/kg)	＜3	＜15
2	总汞(以干基计)(mg/kg)	＜3	＜15

续表

序号	控制项目	污染物限值	
		A级污泥产物	B级污泥产物
3	总铅（以干基计）(mg/kg)	＜300	＜1000
4	总铬（以干基计）(mg/kg)	＜500	＜1000
5	总砷（以干基计）(mg/kg)	＜30	＜75
6	总镍（以干基计）(mg/kg)	＜100	＜200
7	总锌（以干基计）(mg/kg)	＜1200	＜3000
8	总铜（以干基计）(mg/kg)	＜500	＜1500
9	矿物油（以干基计）(mg/kg)	＜500	＜3000
10	苯并(a)芘（以干基计）(mg/kg)	＜2	＜3
11	多环芳烃(PAHs)（以干基计）(mg/kg)	＜5	＜6

除《农用污泥污染物控制标准》GB 4284—2018 中要求总锌在 A 级污泥中的限值不超过 1200mg/kg，《城镇污水处理厂污泥处置 农用泥质》CJ/T 309—2009 要求不超过 1500 mg/kg 以外，2 部规范的控制项目、污染限值都完全相同。

3. 对比污泥园林绿化用指标，涉及《城镇污水处理厂污泥处置 园林绿化用泥质》GB/T 23486—2009 和《城镇污水处理厂污泥处置 林地用泥质》CJ/T 362—2011。2 部规范均对污泥的理化指标、养分指标、生物学（卫生学）指标、污染物指标进行了规定，多数指标一致，少数指标计算口径不同，部分指标缺失。其中：《城镇污水处理厂污泥处置 林地用泥质》CJ/T 362—2011 在理化指标方面，增加了粒径和杂物限值；在养分指标方面，修改了有机质和氮磷钾养分的计算口径；在污染物指标方面，修改了总锌的限值，删除了硼和可吸附有机卤化物（AOX）的限值，增加了多环芳烃的限值。

（四）按发布部门分析

从标准规范的发布部门来看，13 部相关标准规范中，4 部由住房和城乡建设部发布（且均为行业标准），7 部由国家质量监督检验检疫总局、国家标准化管理委员会共同发布（其中 6 部为国家推荐性标准，1 部为国家强制性标准）。另外 2 部分别为国家环境保护总局和国家质量监督检验检疫总局共同发布的《城镇污水处理厂污染物排放标准》GB 18918—2002，和国家市场监督管理总局、国家标准化管理委员会共同发布的《农用污泥污染物控制标准》GB 4284—2018。

（五）主要问题

1. 部分标准缺失。对照《城镇污水处理厂污泥处置分类》GB/T 23484—2009 中的污泥处置分类可以看出，目前污泥用于单独填埋、轻质骨料、混合焚烧、燃料利用 4 个方面的标准规范尚未出台。

2. 部分标准规范存在重复。对污泥在园林绿化和林地用、农用等2个用途，存在多部标准规范并行的现象。在主要内容重复的同时，还存在少数指标不一致的情况。

3. 执行年代较为久远。不难看出，13部污泥相关标准规范中，有8部是在2009年密集颁布，距今已有超过10年时间，污泥处理工艺、污泥再利用工艺都有一定变化，其主要指标能否满足新时代环境保护、资源再利用的要求，仍需要进一步探讨。

(六) 政策性文件

与污泥处理处置有关的政策性文件如表2-11所示。

与污泥处理处置有关的政策性文件　　表2-11

时间	政策	主要内容
2015年4月	《水污染防治行动计划(水十条)》	推进污泥处置,污水处理设施产生的污泥应进行稳定化、无害化呵呵资源化处理处置,禁止处理处置不达标的污泥进入耕地
2016年4月	《关于加强城镇污水吹设施污泥处理处置减排核查核算工作的通知》	各地要将污泥妥善处理处置纳入城镇污水处理减排统一监管,对各地不规范处置的污泥的行为,扣减该部分污泥对应的城镇污水处理化学需氧量和暗淡削减量
2016年12月	《"十三五"全国城镇污水处理及再生利用设施建设规划》	城镇污水处理设施建设应由"规模增长"向"提质增效"转变,由"重水轻泥"向"泥水并重"转变;城镇污水处理收费标准要补偿污水处理和污泥无害化处置的成本并合理盈利
2018年6月	《国家发展改革委关于创新和完善促进卢瑟发展价格机制的意见》	按照补偿污水处理和污泥处置设施运营成本并合理盈利的原则,加快制定污水处理费标准,并依据定期评估结果动态调整
2019年4月	《城镇污水处理体制增效三年行动方案(2019-2012年)》	推进污泥处理处置及污水再生水设施建设,要尽快将污水处理费收费标准调整到位
2020年7月	《城镇生活污水处理设施补短板强弱项实施方案》	提升城镇生活污水收集处理能力,加大生活污水收集管网配套建设和改造力度,促进污水资源化利用,推进污泥无害化资源化处理处置。到2023年,县级及以上城市设施能力基本满足生活污水处理需求,城市污泥无害化处置率和资源化利用率进一步提高

三、再生水

1998年以来，国家加大对城镇污水处理设施建设的投资力度，带动了地方政府和社会资金的投入，城镇污水处理设施建设不断加快。随着城镇污水处理厂和再生水利用工程规模的扩大，2003年以来，国家先后出台了一系列再生水利用方面的标准和规范，这些标准和规范的颁布和实施填补了我国城市污水再生利用工程建设和再生水水质标准的空白，为再生水利用提供了技术依据和安全保障。

据不完全统计，现行标准规范中涉及中水和再生水水质标准的标准规范如表 2-12 所示。

涉及中水和再生水水质标准的标准规范　　表 2-12

序号	名称	编号	发布时间	实施时间	主要内容
1	《城市污水再生利用 分类》	GB/T 18919—2002	2002 年 12 月 20 日	2003 年 5 月 1 日	将污水再生利用分为农林牧渔业用水、城市杂用水、工业用水、环境用水和补充水源水
2	《城市污水再生利用 地下水回灌水质》	GB/T 19772—2005	2005 年 5 月 25 日	2005 年 11 月 1 日	将各类水质指标分为基本控制项目(同时区分地表回灌和井灌)和选择控制项目,并明确相应限值
3	《城市污水再生利用 工业用水水质》	GB/T 19923—2005	2005 年 9 月 28 日	2006 年 4 月 1 日	将工业用水分为冷却用水、洗涤用水、锅炉补给水、工艺与产品用水,并明确相应限值
4	《城市污水再生利用 农田灌溉用水水质》	GB 20922—2007	2007 年 4 月 6 日	2007 年 10 月 1 日	根据灌溉作物类型分为纤维作物、旱地谷物(油料作物)、水田谷物和露地蔬菜,并明确其相应限值
5	《城市污水再生利用 绿地灌溉水质》	GB/T 25499—2010	2010 年 12 月 1 日	2011 年 9 月 1 日	将各类水质指标分为基本控制项目和选择控制项目,并明确其限值
6	《城市污水再生利用 景观环境用水水质》	GB/T 18921—2019	2019 年 6 月 4 日	2020 年 5 月 1 日	将景观环境用水分为观赏性、娱乐性和景观湿地环境用水,其中观赏性和娱乐性用水又具体划分为河道类、湖泊类和水景类,同时明确相应指标限值
7	《城市污水再生利用 城市杂用水水质》	GB/T 18920—2020	2020 年 3 月 1 日	2021 年 2 月 1 日	将城市杂用水分为冲厕、车辆冲洗、城市绿化、道路清扫、消防、建筑施工等类型,并提出了基本控制项目和选择控制项目限值

从以上标准规范可以看出，在《城市污水再生利用分类》GB/T 18919—2002 的总体引领下，我国对各种用途的城市污水再生利用标准均进行了相应规定。相关标准随着时代的发展不断更新，如 2019 年和 2020 年国家先后修订发布了《城市污水再生利用 景观环境用水水质》GB/T 18921—2019 和《城市污水再生利用 城市杂用水》GB/T 18920—2020 水质标准，可见对于污水再生利用工作的重视。

此外，2016 年 8 月，住房和城乡建设部印发《城镇污水再生利用工程设计规范》GB 50335—2016，规定了以景观环境用水、工业用水水源、城市杂用水、绿地灌溉用水、农田灌溉用水和地下水回灌用水等为污水再生利用途径的新建、扩建和改建的污水再生利用工程设计基本要求，进一步完善了城镇污水再生利用工程在技术层面的标准规范体系。

第五节　各地排水与污水处理行业相关行政规范

地方层面，很多城市探索性出台了关于城市排水与污水处理行业的地方法律法规，这些法规进一步健全了行业管理的法律法规体系，同时为推广污水再生利用技术提供了法律保障，也为其他城市制定法规提供了经验借鉴。

一、排水与污水处理

据不完全统计，目前地方已出台排水与污水处理行业相关行政法规的城市及情况如表 2-13、表 2-14 所示。

部分省（自治区、直辖市）出台的排水与污水处理行业相关行政法规 表 2-13

省份	名称	发布时间
上海	上海市排水管理条例	1996 年 12 月
四川	四川省城镇排水与污水处理条例	2009 年 3 月
北京	北京市排水许可管理办法	2010 年 5 月
河北	河北省城镇排水与污水处理管理办法	2016 年 12 月
浙江	浙江省城镇污水集中处理管理办法	2010 年 1 月
新疆	新疆维吾尔自治区城市排水管理办法	2003 年 9 月

部分城市出台的排水与污水处理行业相关行政法规　　表 2-14

城市	名称	施行时间
南京	南京市城市排水管理条例	2006 年 1 月
苏州	苏州市城市排水管理条例	2015 年 3 月
无锡	无锡市排水管理条例	2010 年 3 月
徐州	徐州市排水与污水处理条例	2019 年 3 月
青岛	青岛市城市排水条例	2010 年 10 月
深圳	深圳市排水条例	2006 年 7 月
深圳	深圳经济特区排水条例	2021 年 1 月
珠海	珠海市排水条例	2010 年 1 月
佛山	佛山市排水管理条例	2019 年 7 月
昆明	昆明市城市排水管理条例	2002 年 1 月
乌鲁木齐	乌鲁木齐市城市排水管理条例	2006 年 3 月
杭州	杭州市排水管理办法	2019 年 2 月
绍兴	绍兴市城市排水管理办法(试行)	2005 年 6 月
广州	广州市排水管理办法	2010 年 3 月
广州	广州市排水管理办法实施细则	2020 年 7 月
东莞	东莞市排水管理办法	2020 年 6 月

二、再生水利用

据不完全统计，目前地方已出台再生水利用相关法律法规的城市及情况如

表 2-15 所示。

部分城市出台的再生水利用相关行政法规　表 2-15

城市	法律法规名称	出台时间
天津	天津市城市排水和再生水利用管理条例	2003 年 9 月
宁波	宁波市城市排水和再生水利用条例	2007 年 12 月
西安	西安市城市污水处理和再生水利用条例	2012 年 9 月
呼和浩特	呼和浩特市再生水利用管理条例	2019 年 8 月
青岛	青岛市城市再生水利用管理办法	2003 年 11 月
银川	银川市再生水利用管理办法	2007 年 9 月
北京	北京市排水和再生水管理办法	2009 年 11 月
烟台	烟台市城市再生水利用管理办法	2013 年 6 月
深圳	深圳市再生水利用管理办法	2014 年 1 月
天津	天津市再生水利用管理办法	2015 年 9 月
哈尔滨	哈尔滨市再生水利用管理办法	2017 年 4 月
合肥	合肥市再生水利用管理办法	2018 年 8 月
沈阳	沈阳市再生水利用管理办法	2019 年 12 月
邯郸	邯郸市城市再生水利用管理办法	2019 年 12 月

第六节　中国城镇排水与污水处理行业统计年鉴中监管指标的内涵

根据《2019 年城乡建设统计年鉴》中城市部分的内容，我国城镇排水与污水处理行业的统计指标分为三个层次。

一、反映总体水平的指标

《2019 年城乡建设统计年鉴》中反映排水与污水处理总体水平的指标，具体包括：建成区排水管道密度和污水处理率（其中包括污水处理厂集中处理率）。住房和城乡建设部最近一期污水处理设施建设运行情况通报（2014 年第一季度）中，还包括本季度城镇污水处理厂累计处理量、运行负荷率、累计削减化学需氧量、平均削减化学需氧量 4 项反映城镇污水处理厂运行与污染物削减情况的指标。

二、反映历年情况的指标

一是反映历年排水管网建设情况和污水处理情况的指标。主要包括：排水管道长度、污水年排放量、污水处理厂（座数和每日处理能力）、污水年处理量、污水处理率等 6 项指标。

二是反映资金投入的指标。主要包括：城市维护建设资金在排水行业上的支出和排水设施建设固定资产投资。

三、反映各地基本情况的指标

以 32 个省（自治区、直辖市）为单位，统计其排水和污水行业基本情况的相关指标，如下：

1. 污水排放量、污水处理总量；

2. 排水管道长度，其中包括：污水管道、雨水管道、雨污合流管道、建成区 4 项指标；

3. 污水处理厂相关情况，其中包括：座数、每日处理能力、处理量、干污泥产生量、干污泥处置量 5 项指标，座数、每日处理能力、处理量还单独标识了二、三级污水处理厂的情况；

4. 其他污水处理设施情况，包括每日处理能力和处理量；

5. 市政再生水相关情况，其中包括：每日生产能力、利用量、管道长度 3 项指标；

6. 排水设施建设固定资产投资情况，其中包括：排水设施总投资、污水处理投资、污泥处置投资、再生水利用投资。

第七节　中国现有城镇排水与污水处理行业及监管现状

城镇排水与污水处理是城市基本公共服务，生活污水收集与处理设施、污泥处理处置设施是城市市政基础设施，承担着保障城市卫生防疫安全、环境保护、节能减排、资源与能源回收利用等重要功能。随着我国城市、县城污水处理设施的基本普及以及污水处理的飞速发展，据住房和城乡建设部统计，2019 年全国城市排水管道长度达到 74.70 万 km，城市和县城污水处理能力超过 2.1 亿 m^3/d，我国排水与污水处理设施基本实现了县城以上城镇全覆盖，污水处理规模已成为世界第一，但是排水与污水处理行业的一些问题也逐步暴露出来。

首先，对于一些老旧小区来说，排污设施落后，一些管网老旧破损和混接错接问题严重，大量污水易进入雨水管道，且污水在运输的途中漏失严重，如果改造或新建，工程量大、面广、施工复杂，还会影响附近居民的生产和生活。其次，一些城市往往片面注重地上工程的建设，忽视配套管网的建设，无论是建设资金和建设力度都明显向地上工程倾斜，造成管网建设资金短缺、力度不足等。同时，污水收集管网质量也影响了进水浓度，如我国南方地区常有客水进入污水管网，导致城镇污水处理厂进水的污染物浓度普遍偏低，也充分暴露出我国污水处理设施在污水收集能力上的欠缺。

城镇排水与污水处理是政府公共服务的重要组成部分，离不开相关政策的正确引导。多年以来，我国水处理行业政府主管部门对城镇污水处理监管指标长期依赖于“城镇污水处理率”“污水处理达标率”等单一指标作为行业发展的主要监管指标，以“污水处理设施运行负荷率”等作为阶段性指标，这些监管指标在特定的历史时期发挥了重要的引导作用，为推动污水处理行业发展起到了重要作用，但是随着城镇化、工业化进程进一步发展，我国城镇排水与污水监管指标逐渐与我国当前城镇污水处理“量质并重”的发展新阶段不相适应，无法反映和分析指导未来的发展，难以与国外接轨，且现行的污水监管过于关注末端管理，对收集过程的管理不够，很多指标比较粗放，与当前污水处理厂提质增效的关联度不够，难以全面衡量污水处理的能效。

因此，为了从根本上扭转“重厂轻网、重水轻泥”的问题，建立一套涵盖对污水收集、污泥处置、污水再生利用等环节相对科学、客观、可量化、可考核、可比较的指标体系，为政府决策、企业管理、行业分析等提供支撑，就显得尤为重要。同时，科学合理的城镇排水与污水处理行业监管指标体系是保障我国城镇排水与污水处理监管科学化、制度化的首要因素，也是客观合理反映我国城镇排水与污水处理行业现状、分析预测未来行业发展趋势、指导行业健康有序发展的重要内容，对提高我国城镇污水处理系统的市场进行效率和服务水平，推进城镇化和城市建设都具有十分重要的意义。

第三章

中国城镇排水与污水处理行业监管指标体系构建

党的十八大以来，生态文明建设成为指引我国未来发展的根本要求，城镇污水处理事业迎来新的发展契机。国务院 2015 年颁布实施的《水污染防治行动计划》进一步明确了新时期城镇污水处理的目标和任务。这将给城镇污水处理行业的发展带来新的机遇和新的挑战。本章通过分析研究，提出一套适应未来一段时间的城镇排水与污水处理行业监管考核的指标体系，涵盖污水收集、污水处理、污泥处置、再生水利用、监督管理全过程，同时增加了污水处理提质增效相关指标，既有一定的前瞻性，又考虑了当前我国城镇排水与污水处理行业的适用性。新提出的监管指标体系与现有指标体系结合后，能够更好地体现指标延续性和纵向比较，并能满足各级责任主体的行业管理需求，为国家更好地在污水行业进行了投资决策和改善生态环境做好支撑。

第一节　现行监管指标的内涵与行业现状发展适应性分析

作为控制污水排放的最终措施，城镇污水处理厂发挥着至关重要的作用。为保证污水达标排放，实现总量减排目标，并逐步改善区域环境质量，必须确保城镇污水处理厂的良好运行。由于城镇污水处理厂相对特殊，相关部门往往将其等同于市政设施进行管理，使污水处理厂难以正常发挥其设计处理能力。

一、污水处理厂运行管理体制

根据住房和城乡建设部《关于加强城镇污水处理厂运行监管的意见》（建城〔2004〕153 号，现已废止）要求，城镇污水处理厂的运行管理必须按照政事分开、政企分开的原则，明确城镇污水处理厂运营单位的责任和权力，使城镇污水处理厂运营单位逐步成为产权明晰、独立核算、自主经营的经营实体。

在污水处理厂建设运营过程中，通过引入市场机制，重新划分了参与环境治理的各方职责，强化了污水处理厂的社会责任，明确了政府部门的监督职能，也有效规范了污染排放单位的排污浓度。排污单位负责引入新工艺、采用清洁生产、进行源头减排，以实现排污总量达标。污水处理厂负责污水处理设施的有效运行及日常维护，不断改进污水处理工艺，确保出水水质满足相应的排放标准，并以此为指标获得相应的收益。政府部门负责对排污单位及污水处理厂出水进行监督检查，并最终承担环境责任。通过政府、排污单位、污水处理厂三方的有效协调配合，明确各自所担负的职责，切实提高环保监管效率。

二、污水处理厂进水水质、水量监督管理

任何污水处理设施在设计、建设过程中，对进水水质、负荷均有明确要求，一旦进水的水质、水量超标，将严重影响城镇污水处理设施的稳定运行，导致各单元效率下降，最终无法满足出口排放标准。当出现进水水质不满足设计标准、进水水质超标的情况时，生态环境部门的普遍做法是，对所有污水排放点位进行排查，同时对排水管线进行梳理。但是这样的做法效率很低，往往是事倍功半、收效甚微。

在制度建设方面，住房和城乡建设部、生态环境部均对排水、排污建立了相应制度。住房和城乡建设部于 2015 年 1 月印发的《城镇污水排入排水管网许可管理办法》（住房和城乡建设部令第 21 号）明确提出，城镇排水设施覆盖范围内的排水户应当按照国家有关规定，将污水排入城镇排水设施；排水户向城镇排水设施排放污水，应当按照本办法的规定，申请领取排水许可证；排水户应当按照排水许可证确定的排水类别、总量、时限、排放口位置和数量、排放的污染物项目和浓度等要求排放污水；城镇排水主管部门应当依照法律法规和本办法的规定，对排水户排放污水的情况实施监督检查。生态环境部（原环境保护部）于 2018 年 1 月印发《排污许可管理办法（试行）》（生态环保部令第 48 号），明确提出：排污单位应当依法持有排污许可证，并按照排污许可证的规定排放污染物；应当取得排污许可证而未取得的，不得排放污染物；环境保护主管部门对排污单位排放水污染物、大气污染物等各类污染物的排放行为实行综合许可管理。

由此可见，污水处理厂进口水质把控相关制度已经建立，各级政府相关部门在明确部门职责的情况下，通过合理管控，可实现市政污水排放的有效监控。

对住房和城乡建设部门来说，主要负责监控市政管网水质。即通过对市政各主要管线水质进行日常监控，以保证各路水质达标，确保污水处理厂总进口达标。一旦发现进口水质超标，可第一时间找出异常原因，并采取相应措施。

对生态环境部门来说，主要通过各种行政手段，对各排污单位的达标排放实施监督。具体包括：须在各污染物排放单位总排口建立水质自动监控系统，并将监测结果实时联网上传至生态环境保护监管部门；一旦发现污水处理厂进水水质超标，环保监管部门可以通过实时监测数据第一时间锁定污水排放超标单位。另外，生态环境部门需检查所辖区域内污染单位的排水水质情况，避免出现违法排污。对排查过程中发现的重污染企业进行整改，督促其尽快增加污染治理设施，

对环境影响恶劣的企业应予以关停。

通过各级部门各司其职、有效监管、协调合作，对城镇污水处理工作进行整体推动，并加以巩固，形成常态化管理，从而达到环保工作持续、稳定发展。

三、污水处理厂出水水质监督管理

随着中国经济的蓬勃发展，随之而来的环境污染形势日益严峻。国家先后出台或修订了多项政策法规，以强化环境保护力度。生态环境部 2019 年 8 月公布的《2019 年第二季度主要污染物排放严重超标重点排污单位名单和处理处罚整改情况》中，根据重点排污单位自动监测数据和地方生态环境部门核实查处情况，共有 40 个主要污染物排放严重超标的重点排污单位，其中涉及污水处理厂 17 家，占比 42.5%。从以上可以看出，部分污水处理厂出水水质仍存在不达标的问题。

在《水污染防治法》中明确了污水处理厂应承担的环境责任。污水处理厂的正常运行及达标排放是实现区域环境质量目标的必要条件。作为环保监管部门，应狠抓重点、狠抓落实、狠抓细微，协调政府相关职能部门通力合作，有效发挥各自作用，将各项工作切实有效地开展下去。根据上述要求，城镇污水处理厂一旦出现超标排放，环保监管部门应按规定进行处罚。通过市场调节，拨动经济杠杆，切实触动污水处理运营企业的敏感神经，使其主动进行污水处理设施的升级改造，并加强设施的运营维护，提高设施各单元的处理效率，保证水质达标排放。

在《城镇排水与污水处理条例》中规定了城镇污水处理设施维护运营单位在保证出水水质方面的责任和义务，即应当保证出水水质符合国家和地方规定的排放标准，不得排放不达标污水。城镇污水处理设施维护运营单位应当按照国家有关规定检测进出水水质，向城镇排水主管部门、环境保护主管部门报送污水处理水质和水量、主要污染物削减量等信息，并按照有关规定和维护运营合同，向城镇排水主管部门报送生产运营成本等信息。

同时，《城镇排水与污水处理条例》中对污泥处理和污水再生利用工作也提出了很多要求，主要包括：一是城镇污水处理设施维护运营单位或者污泥处理处置单位应当安全处理处置污泥，保证处理处置后的污泥符合国家有关标准，对产生的污泥以及处理处置后的污泥去向、用途、用量等进行跟踪、记录，并向城镇排水主管部门、环境保护主管部门报告。任何单位和个人不得擅自倾倒、堆放、丢弃、遗撒污泥。二是县级以上人民政府鼓励、支持城镇排水与污水处理科学技术研究，促进污水的再生利用和污泥、雨水的资源化利用。三是编制本行政区域的城镇排水与污水处理规划应明确污水处理与再生利用、污泥处理处置要求。县级以上地方人民政府应当按照先规划后建设的原则，依据城镇排水与污水处理规划，合理确定城镇排水与污水处理设施建设标准，统筹安排管网、泵站、污水处理厂以及污泥处理处置、再生水利用、雨水调蓄和排放等排水与污水处理设施建设和改造。四是国家鼓励城镇污水处理再生利用，工业生产、城市绿化、道路清扫、车辆冲洗、建筑施工以及生态景观等应当优先使用再生水。县级以上地方人民政府应当根据当地水资源和水环境状况，合理确定再生水利用的规模，制定促进再生水利用的保障措施。再生水纳入水资源统一配置，县级以上地方人民政府水行政主管部门应当依法加强指导。

国家十分重视水污染的控制和管理，设定了一系列控制和约束指标。这些指标能否顺利实现，与城镇污水处理厂的有效运行密切相关，更离不开相应的监督管理。现阶段，我国约有80%的污水处理厂进水水质存在着一定范围的波动，个别时段污水水质超出设计标准，将影响后续处理设施的正常运行。加之污水处理厂自身管理存在疏漏，若麻痹大意，就会出现污水处理厂排放水质超标的现象，进而会影响到排水流经水域的环境质量。

为进一步规范污水处理环境管理，2020年12月，生态环境部印发《关于进一步规范城镇（园区）污水处理环境管理的通知》（环水体〔2020〕71号），文件规定了地方人民政府、纳管企业、污水处理运营单位的责任和义务，通过三方互相制约、监管，从而有效保障城镇污水处理厂出水水质。

第二节　基于全流程管理要素特征的行业监管技术需求

当前我国城镇排水与污水处理监管指标存在以下问题：一是缺乏对城市污水管理绩效的界定，缺乏从管理的角度系统评估城市污水收集、处理及排放的效果和效率；二是缺乏科学的评估方法，评估指标设定过于微观，指标在城市间的可比性不足；三是某些指标的界定和计算与实际情况不符。上述问题导致现有的监管指标体系难以满足行业管理需要，难以支撑行业未来发展。

为全面提升行业监管能力，适应新型城镇化发展需要和国家现行政策法律要求，当前迫切需要结合我国城镇排水与污水处理行业监管的技术需求，提出城镇排水与污水处理行业监管指标体系顶层设计方案，形成行业监管指标体系。同时，需要对行业监管基础指标体系的验证与相关数据进行采集、分析，以进一步优化监管流程。行业监管具体可以分为五个环节：一是源头管理，用户污水的产生和排放管理；二是对污水收集管理，即污水排入管网并汇集进入污水处理厂的管理；三是污泥处理处置的管理；四是再生水利用的处理；五是对行业监管的管理。

一、以污水收集为管理要素特征的行业监管技术需求

污水收集的主要作用是承担城市污水的收集和输送。目前由于我国各城市管网建设程度不同，输送能力也不相同，这种能力可以通过“污水收集处理效率”来描述。污水收集处理效率越高，污染物无序排放就能得到控制，可资源化的污水就越多，城市水系统的运行效率也就越高。所以污水收集处理率一直作为重要的控制性指标，用于我国城镇污水处理设施规划建设及监管评估工作，在加快我国污水处

理设施建设、提升污水处理能力、改善水环境状况方面，起到了积极的推动作用。

具体来说，在污水收集方面设置“污水收集处理效率（生活污染物收集）”和“建成区污水管网与路网密度比例”2项一级指标。主要通过考察污染物被有效收集的比率，来判断排水系统的绩效服务水平。考虑到我国污水收集系统建设规范性相对较低、基础数据和信息收集不完善，指标计算/统计方式和数据采集方法值得探讨和商榷。结合我国城市排水行业管理特征和指标特征，为了能够获得更加准确表征排水系统收集效能的指标，拟通过向污水处理厂排放的人口密度、排放污染物收集处理情况等方法进行评估。

污水收集处理效率（生活污染物收集），即城市水污染物收集总量与水污染物产生总量的比值。其中，污染物产生总量通过人均日生活污染物产生量核算污染物排放总量，即城市城区总人口（城区人口＋暂住人口）产生的污染物总量。污染物收集总量即城市污水处理厂收集的污染物总量，可统计污水处理厂的月污水处理量及进水污染物月均浓度。

建成区污水管网与路网密度比例，即城市建成区污水管网与城市建成区道路密度的比例。城市建成区污水管道分布的疏密程度由建成区污水管网密度来表示，即建成区污水管网长度/建成区面积。

对于城市建成区内运行维护管理单位污水管网所需费用，由单位污水管网长度综合运行维护费用来表示，即运行维护管网总费用/建成区污水管网总长度。

污水收集，从污染物源头排放端到污水处理厂的治理端，对纳入城镇排水系统中工业废水的掌握情况，扣除工业污染物对污水收集总量的影响，力求能够更全面准确的评估生活污染物的收集处理效率。

二、以城镇污水处理为管理要素特征的行业监管技术需求

污水处理，其主要功能是将收集的污水通过污水处理厂或污水处理设施处理为水质达标的水。在城市污水处理过程中，要做好污水处理系统的监控和评价，确保污水处理系统有效、稳定运行。同时，也应对污水处理效果进行评价，促进污水处理过程的科学化、合理化。在污水处理过程中，无论是工业污水还是生活污水的处理，都要符合相应处理标准，以确保污水处理效果，避免发生二次污染。同时，要充分考虑污水特质和受污染程度等因素，合理选择相应污水处理技术和设施，在确保污水处理效果的同时压缩运行维护成本，降低污水处理厂经济负担。

污水处理方面，建议设置“污染物综合削减率”“单位污水用电量”“污水处理率”3项一级指标。

污染物综合削减率指污水处理厂处理单位污水削减的污染物总量，统计污水处理厂实际出水污染物月均值，包括COD、BOD、TP、TN、NH_3-N等的浓度。

单位污水用电量指污水处理厂处理单位污水的所需的用电量，需统计污水处理用电量。

污水处理率指城市污水处理总量与污水排放总量的比率。

三、以污泥处置为管理要素特征的行业监管技术需求

随着人们生活水平的不断提高，污水量持续增加，污泥产量随之增多。根据《2019 年城市建设统计年鉴》，截至 2019 年底，全国城市污水处理厂处理能力 1.79 亿 m^3/d，累计处理污水量 525.85 亿 m^3，干污泥产生量 1102.73 万 t，干污泥处置量 1063.82 万 t。

目前，我国城镇污水处理厂基本实现了污泥的初步减量，但并未实现污泥的稳定化处理，导致污泥中含有的恶臭物质、病原体、持久性有机物等污染物容易从污水转移到陆地，使污染物进一步扩散，也使已经建成投运的污水处理设施的环境减排效益大打折扣。城镇生活污水处理厂产生的污泥，在处理处置过程可能会对环境产生以下影响：一是量大，填埋占用土地太多，侵占土地严重；二是处置不好，容易产生二次污染，并有潜在的疾病传播风险，例如填埋过程中如果防渗技术不完善，可能导致潜在的土壤和地下水污染；三是污泥的有机成分很高，容易产生沼气，若得不到有效收集，会增加碳排放。四是大量的污泥堆积起来，容易产生横向压力，对周围地形产生影响。现阶段，我国污泥处置的主要技术路线有卫生填埋、焚烧、建材生产、土地利用等，在 2019 年，我国市政污泥中约 29.3%通过土地利用进行处置，其次是焚烧（26.7%）和卫生填埋（20.1%），而建筑材料利用（15.9%）和其他方式（8.0%）贡献较小。可以看出，现阶段我国仍有 20%左右的污泥通过填埋而进行处理，加之我国城镇污水处理企业处置能力不足、处置手段落后，大量污泥没有得到规范化的处理，直接造成了“二次污染”，对生态环境产生严重威胁。

污泥处置方面，建议设置“污泥无害化处置率”“污泥有机组分比例”2 项一级指标。污泥是污水处理的副产品，污泥的有效处置是污水全链条处理的重要环节，污泥不处置或处置不当可能给地下水、地表水、土壤、空气等带来二次污染，其重要性和紧迫程度不容小觑。通过考察污泥处置占干污泥产量的密度，评估污泥是否被有效处置。

污泥无害化处置率指污水处理产生的污泥（含水率 80%）用于建材、焚烧、堆肥卫生填埋处置量与污泥产生总量的比值。

污泥有机组分比例指污泥中所含有机质（挥发性固体，VSS）总量。

我国的污泥产量大、成分复杂，不是任何单一技术就可以解决的。从长远的角度来看，污泥的处理技术应该与污水处理的工业化、规模化过程相匹配。污泥问题的解决涉及生态环境部门、建设部门、农业农村部门、自然资源部门以及发改委等多个部门，需由多个部门协调管理。在此过程中需要从完善的政策法规到

（数据来源：中国城镇污泥处理处置技术的发展现状与趋势——基于大数据和温室气体排放的分析）

科学有效的监管，以形成整体的管理链，污泥处理处置才能得到快速的发展。

四、以再生水利用为管理要素特征的行业监管技术需求

城市污水经处理后最终出路有两种：一是排放自然水体，二是进行资源化重复利用。排放自然水体是污水的自然归宿，水体对污水具有一定的稀释与净化功能，是一种常用的出路，但同时可能会引起水质相关指标浓度的升高，进而造成水体富营养化或水体污染。城市污水再生利用指将城市污水适当处理达到规定的水质标准后，回用于生活、市政、环境等范围内的非饮用水方面。城市污水再生利用不仅使本来单向流动的传统城市水系统成为具有自我调节能力的闭路水循环，优化了城市内部的供排水系统，建立了城市水系统的良好循环，同时也减少了城市发展对自然生态环境的负面影响。污水处理厂出水的再生利用将使得城市外围或周边的自然水循环系统呈现良好的状态，进一步提高了城市水环境容量和承载能力。与此同时，污水再生利用不仅能解决城市缺水和排污等“量”的问题，还可以通过水资源的循环有效回收大量的物质和热能。城市污水再生利用应该成为、也必将成为缓解城市缺水现状、改善城市水环境的主要措施。

再生水利用方面，建议设置“再生水利用率”为一级指标。即再生水的利用量与生活污水处理总量的比值。再生水的利用率又可以具体分为收益性利用率和公益性利用率，其中：收益性利用率指用于收益性利用的再生水总量占生活污水处理总量的比值，主要指工业和城市杂用；再生水公益性利用率，指用于公益性利用的再生水总量占生活污水处理总量的比值，主要指绿化、景观补水、农业灌溉。

五、以行业监管为管理要素特征的行业监管技术需求

自 20 世纪 80 年代以来，随着我国经济的发展和城市规模的不断扩大，城市排水系统为了适应市场化改革的需要，逐渐引入了市场化竞争。城市排水系统的政府监管职能也应随着改革进程逐步进行调整：首先，政府监管的理念要发生改变，由原来的政府职能经济监管转向社会性监管。其次，为了城市排水行业市场化的公平竞争，应放低社会企业参与的准入门槛，政府不再限制参与企业的数量，应更多重视排水行业的市场竞争秩序。

在城市排水市场化改革的过程中，政府有必要对城市排水系统行业进行有效监管，且完善的城市排水系统政府监管体系是推进城市排水系统市场化改革的重要保障。

监督管理方面，建议设置“生活污水处理费标准到位比例”“生活污水处理费收缴率”“单位污水管网运行维护人员数”“排水许可证率”“污水管网系统维护年度计划完成率”5 项一级指标。

生活污水处理费标准到位比例，指城市实际污水处理收费标准与国家规定最低污水处理收费标准之间的比值。

生活污水处理费收缴率，指城市生活污水处理费实际收入总额占应收缴污水

处理费总额比例。

单位污水管网运行维护人员数，指城市污水管网运行维护管理人员总数与城市污水管网总长度之间的比值。

排水许可发证率，指已发放排水许可证总数与应发放排水户总数的比值。

污水管网系统维护年度计划完成率，即指城市每年污水管网实际维护长度占该年度计划维护长度的比值。

污水处理是一项复杂的工程，如果不能建立健全监督和管理机制、完善监管流程，很可能会让污水收集、处理效果大打折扣。因此，做好污水从收集—处理—再生利用等全流程的监督管理工作便显得十分重要。因污水处理厂承担多个排污者包括城市生活污水的处理任务，如污水处理厂的水污染治理设施因某种缘故闲置或发生事故性排放，极易酿成重大污染事故。在实际监管过程中，如果行业监管措施执行得当，既能有效促进水污染防治工作，又能降低排污单位经营成本，从而充分调动排污单位治理污染的积极性，实现经济发展与环境保护的“双赢”。但如果相关规章制度配套不健全、不及时，管理中出现漏洞，轻则使法律规定成为一纸空文，重则使污水集中处理成为排污单位逃避污染治理义务的黑色通道。

第三节　中国城镇排水与污水处理行业监管指标体系构建方案

一、城镇排水与污水处理行业监管指标体系基本构成

城镇排水与污水处理是一个系统的公共服务事业，它的上游连着居民社区、机关、企业等，中段是在城市地下空间内敷设的、遍布各个角落的雨水和污水收集与输送管道，末端是污水与再生水处理以及河、湖和工农业、园林、市政杂用等各类用水设施，关联与服务着城镇的各个方面。只有在法律法规的约束和政府的监督下，科学系统地规划和建设城镇排水与污水处理设施，有序开展城镇排水与污水处理设施的运营和维护工作，才能充分发挥它的基础保障作用。因此，城镇排水与污水处理行业监管指标体系从污水收集、污水处理、污泥处置、再生利用和监督管理这 5 个服务方向出发，力求能够清晰明确的表征每个环节的发展水平，建立行业监管三级指标体系。

城镇排水与污水处理行业监管指标体系要做好顶层设计，从污水收集、处理、再生利用等技术角度出发，建议将易直接检测、统计、获取的数据确定为三级指标；通过对三级指标进行运算、归纳、整合，基于三级指标而形成的为二级指标；通过对二级指标的进一步整合进而形成一级指标。考虑到污水收集、处理、再生利用，以及污泥处置和监管体系的完整性，部分可由三级指标直接计算获得的指标也作为一级指标，以突出该指标的指导意义和实践价值。结合欧美发达国家指标体系，充分考虑我国城镇排水与污水处理行业的特征，初步构建的指标体系基本构成如图 3-1 所示。

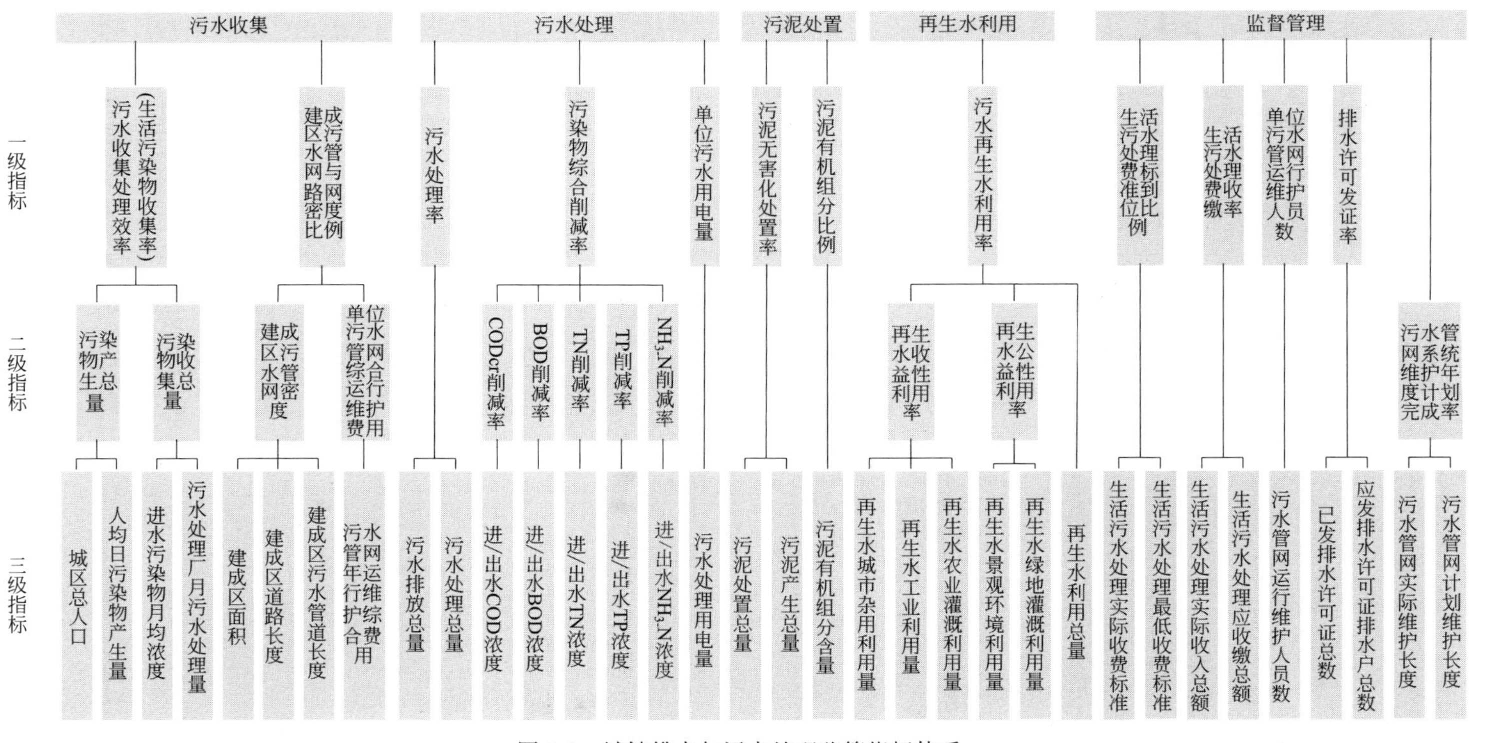

图 3-1 城镇排水与污水处理监管指标体系

二、三级行业监管指标体系的构建

确定监管指标是建立一个有效的监管体系的重要基础和保障，指标的选择，需要建立在国内外已有经验和对监管对象的深入了解的基础上。本书基于基础资料收集和综合分析初步设置监管指标，在此基础上，通过对污水处理厂实地调研、与相关单位的专家座谈，以及专家意见征询，对已有指标进行选取和完善，从而确定了如表 3-1 所示的三级指标体系，三级指标可以为二级指标的计算提供数据基础。

三级行业监管指标体系 **表 3-1**

<table>
<tr><th>分类</th><th colspan="2">指标名称</th><th>指标含义</th><th>计算公式</th><th>单位</th></tr>
<tr><td rowspan="9">污水收集</td><td colspan="2">城区总人口</td><td></td><td>城区人口＋暂住人口
备注：城区人口：指划定的城区（县城）范围的户籍人口数。按公安部门的统计为准填报。暂住人口：指离开常住户口地的市区或乡、镇，到本地居住半年以上的人员。按市区、县和城区、县城分别统计，一般按公安部门的暂住人口统计为准填报</td><td>万人</td></tr>
<tr><td colspan="2">人均日污染物产生量</td><td>城市居住人口每人每日产生的污染物（以 BOD_5 计算）的量。
备注：非统计指标按照 45g/（人・d）计算，全部统一标准，不分城市</td><td></td><td>g/（人・d）</td></tr>
<tr><td rowspan="5">进水污染物月均浓度</td><td>进水 COD 浓度</td><td rowspan="5">污水处理厂实际进水污染物月均值，包括 COD、BOD_5、TN、TP、氨氮等浓度</td><td rowspan="5">（每日进水浓度均值与每日处理水量乘积之和）/每日处理水量相加之和</td><td rowspan="5">mg/L</td></tr>
<tr><td>进水 BOD_5 浓度</td></tr>
<tr><td>进水 TN 浓度</td></tr>
<tr><td>进水 TP 浓度</td></tr>
<tr><td>进水氨氮浓度</td></tr>
<tr><td colspan="2">污水处理厂月污水处理量</td><td>指污水处理厂每月实际处理污水总量</td><td>每日处理污水水量相加之和</td><td>万 m^3</td></tr>
<tr><td colspan="2">建成区面积</td><td>城市行政区内实际已成片开发建设、市政公用设施和公共设施基本具备的区域的面积</td><td></td><td>km^2</td></tr>
</table>

续表

分类	指标名称		指标含义	计算公式	单位
污水收集	建成区道路长度		指城市建成区内道路(道路指有铺装的宽度3.5m以上的路,不包括人行道)总长度		km
	建成区污水管道长度	分流制污水管道	建成区排水管道长度,指位于建筑红线外的市政管网长度。污水管道、合流制管道分别统计总长度		km
		合流管道			
	污水管网年运行维护综合费用		指城市建成区内运行维护管理污水管网所需费用总额	污水管网及其附属设施的运行、养护和维修的费用总支出	万元
污水处理	污水排放总量		指生活污水、工业废水的排放总量。 备注:污水排放总量指生活污水、工业废水的排放总量。 (1)可按每条管道、沟(渠)排放口实际观测的日平均流量与报告期日历日数的乘积计算。 (2)有排水测量设备的,可按实际测量值计算; (3)如无观测值,也可按当地供水总量乘以污水排放系数确定		万 m^3
	污水处理总量		指污水处理厂和污水处理装置实际处理的污水量	污水处理厂处理总量+污水处理装置处理总量 备注:其中污水处理装置不包含黑臭水体治理、初期雨水处理的一体化装置	万 m^3/d
	污水处理厂出水月污染物浓度	出水 BOD_5 浓度	污水处理厂实际出水污染物月均值,包括 BOD_5、COD、氨氮、TN、TP 等浓度	(每日出水浓度均值与每日处理水量乘积相加之和)/每日处理水量相加之和	mg/L
		出水 COD 浓度			
		出水氨氮浓度			
		出水 TN 浓度			
		出水 TP 浓度			
	单位体积污水处理用电量		指污水处理厂用于处理单位体积的污水的用电总量		°/ m^3

续表

<table>
<tr><th>分类</th><th colspan="2">指标名称</th><th>指标含义</th><th>计算公式</th><th>单位</th></tr>
<tr><td rowspan="8">污泥处置</td><td rowspan="6">污泥处置总量</td><td>总量</td><td rowspan="6">指污泥采用建材、焚烧、堆肥、卫生填埋等方式处置总量，以 80% 含水率的污泥量计</td><td rowspan="6"></td><td rowspan="6">万 t</td></tr>
<tr><td>建材利用</td></tr>
<tr><td>土地利用</td></tr>
<tr><td>卫生填埋</td></tr>
<tr><td>焚烧</td></tr>
<tr><td>其他</td></tr>
<tr><td colspan="2">污泥产生总量</td><td>指污水处理产生的污泥总量（含水率 80%）
备注：污泥是指二沉池泥水分离并经过浓缩池浓缩后的湿污泥，对于经过加药、含水率有差别的，应进行修正</td><td>每日产生的污泥量相加之和</td><td>万 t</td></tr>
<tr><td colspan="2">污泥有机组分含量</td><td>指污泥中所含有机质（挥发性固体（VSS））总量
备注：污泥有机质污水处理厂一般月检或者季检，建议以此加权计算统计时限内统计区域内的有机质总量。
其中污泥是指二沉池泥水分离并经过浓缩池浓缩后的湿污泥，对于经过加药、含水率有差别的，应进行修正</td><td></td><td>万 t</td></tr>
<tr><td rowspan="6">再生利用</td><td rowspan="6">污水再生水利用量</td><td>总量</td><td></td><td rowspan="6"></td><td rowspan="6">万 m^3</td></tr>
<tr><td>城市杂用</td><td>用于城市绿化、冲厕、道路清扫、消防等杂用的再生水利用水量</td></tr>
<tr><td>工业利用</td><td>用于工业生产冷却的再生水量</td></tr>
<tr><td>景观环境</td><td>用于补充景观河道环境水源用水等的再生水利用量</td></tr>
<tr><td>绿地灌溉</td><td>用于城市绿化用水的再生水利用量</td></tr>
<tr><td>农业灌溉</td><td>用于农业灌溉的城市再生水利用量</td></tr>
</table>

续表

分类	指标名称	指标含义	计算公式	单位
监督管理	生活污水处理实际收费标准		城市规定的污水处理收费标准	元/t
	生活污水处理最低收费标准	依据发改委财政规定，目前污水处理最低收费标准0.95元/t 备注：非统计指标（填写省里规定的最低标准，地方填报各自标准）		元/t
	生活污水处理费实际收入总额	城市生活污水处理费实际收入总额		万元
	生活污水处理费应收缴总额		生活用水供水总量与居民生活污水处理实际收费标准的乘积	万元
	污水管网运行维护人员数	指城市污水管网运行维护管理人员总数（含本单位和第三方公司总人数）		人
	已发排水许可证总数	备注：根据《城镇排水与污水处理条例》和《城镇污水排入排水管网许可管理办法》的规定，城镇排水设施覆盖范围内，从事工业、建筑、餐饮、医疗等活动的企业事业单位、个体工商户申请领取排水许可证的个数		个
	应发排水许可证排水户总数		当地排水部门确定的重点排水户总数（地方认定为准）	个
	污水管网实际维护长度			km
	污水管网计划维护长度			km

三、二级行业监管指标体系的构建

在三级指标的基础上，剔除意义不够准确、不易简单判别的指标，同时对各指标的重要性进行进一步的理论分析，最终明确各指标对于监管目标的重要性。通过修改完善，最终形成二级行业监管指标体系，二级指标是支撑一级指标的总量控制指标，为一级指标的测算提供支持，作为省级和国家级行业绩效评价指标的测算依据。二级行业监管指标体系如表3-2所示。

二级行业监管指标体系 表 3-2

分类	指标名称	指标解释	计算公式	单位
污水收集	污染物产生总量	指按照人均日生活污染物产生量核算污染物排放总量	城市城区总人口(城区人口+暂住人口)产生的水污染物总量。计算公式=城区总人口×人均日水污染物产生量	t
	污染物收集总量	指城市污水处理厂收集的污染物总量	污水处理厂进水污染物浓度×污水处理厂污水处理量	t
	建成区污水管网密度	指城市建成区污水管道分布的疏密程度	建成区污水管网长度/城市建成区面积 备注:污水管网长度=分流制污水管网长度+合流制管网长度	km/km^2
	单位污水管网综合运行维护费用	城市建成区内运行维护管理单位管网所需费用	运行维护污水管网总费用/建成区污水管网总长度 备注:污水管网长度=分流制污水管网长度+合流制管网长度	元/km
污水处理	CODcr 削减率	指污水处理厂削减的 CODcr 总量占进水 CODcr 总量的比率	(进水 CODcr 浓度－出水 CODcr 浓度)×污水处理水量/进水 CODcr 浓度×污水处理水量	%
	BOD_5 削减率	指污水处理厂削减的 BOD_5 总量占进水 BOD_5 总量的比率	(进水 BOD_5 浓度－出水 BOD_5 浓度)×污水处理水量/进水 BOD_5 浓度×污水处理水量	%
	TN 削减率	指污水处理厂削减的 TN 总量占进水 TN 总量的比率	(进水 TN 浓度－出水 TN 浓度)×污水处理水量/进水 TN 浓度×污水处理水量	%
	TP 削减率	指污水处理厂削减的 TP 总量占进水 TP 总量的比率	(进水 TP 浓度－出水 TP 浓度)×污水处理水量/进水 TP 浓度×污水处理水量	%
	NH_3-N 削减率	指污水处理厂削减的 NH_3-N 总量占进水 NH_3-N 总量的比率	(进水 NH_3-N 浓度－出水 NH_3-N 浓度)×污水处理水量/进水 NH_3-N 浓度×污水处理水量	%
再生利用	再生水收益性利用率	指用于收益性利用的再生水总量占生活污水处理总量的比值,主要指工业和城市杂用	(用于工业生产冷却的再生水量+城市杂用再生水利用量)/生活污水处理总量	%
	再生水公益性利用率	指用于公益性利用的再生水总量占生活污水处理总量的比值,公益性利用的再生水主要指用于绿化、景观补水和农业灌溉的生活用水	(绿化+景观+农业灌溉)再生水利用量/生活污水处理总量	%
监督管理	污水管网系统维护年度计划完成率	指城市每年污水管网实际维护长度占该年度计划维护长度的比值	完成维护的污水管网长度/计划维护污水管网总长度 备注:污水管网长度=分流制污水管网长度+合流制管网长度	%

四、一级行业监管指标体系的构建

在二级和三级指标的基础上，经过广泛意见征询，明确了监管的薄弱环节及关键点。通过对征询结果的统计与分析，结合我国城市排水行业管理特征和指标特征，确定了合适的一级行业监管指标，剔除意义不够准确、不易简单判别的指标。一级指标是绩效评估与行业监管的比率性指标，以城市为评估的基准单位，可为省级和国家级监管部门对行业设施发展水平与运营效率的评估和预测提供依据。一级行业监管指标体系如表 3-3 所示。

一级行业监管指标体系 表 3-3

分类	指标名称	指标含义	计算公式	单位
污水收集	污水收集处理效率(生活污染物收集率)	指城市污染物收集总量与污染物产生总量的比值	污水处理厂收集的污染物总量/居民生活产生的污染物总量	%
	建成区污水管网与路网密度比例	指城市建成区污水管网与城市建成区道路密度的比值	城市建成区污水管道长度/城市建成区道路长度	%
污水处理	污水处理率	指城市污水处理总量与污水排放总量的比值	污水处理总量/污水排放总量	%
	污染物综合削减率	指污水处理厂处理单位污水削减的污染物总量	($a\times$COD 削减率$+b\times$BOD 削减率$+c\times NH_3$-N 削减率$+d\times$TN 削减率$+e\times$TP 削减率)/($a+b+c+d+e$) 备注:a、b、c、d、e 均为加权系数,可针对不同时期的监管需要和不同考核对象调整	%
	单位污水用电量	指污水处理厂处理单位污水所需的用电量	污水处理用电量/污水处理量	°/m^3
污泥处置	污泥无害化处置率	指污水处理产生的污泥(以含水率 80% 计)用于建材、土地利用、卫生填埋、焚烧的处置量与污泥产生总量的比值	$Y=\frac{A_{总量}+B_{总量}+C_{总量}\times0.9+D_{总量}\times0.7+E_{总量}\times0.3+F_{总量}\times0}{A_{总量}+B_{总量}+C_{总量}+D_{总量}+E_{总量}+F_{总量}}$ Y:指污泥处置率; $A_{总量}$:指省级范围内各城市土地利用的总量; $B_{总量}$:指省级范围内各城市建材利用的总量; $C_{总量}$:指省级范围内各城市焚烧的总量; $D_{总量}$:指省级范围内各城市达到卫生填埋标准并进行卫生填埋的总量; $E_{总量}$:指省级范围内各城市其他处置(含应急处置)方式的总量; $F_{总量}$:指省级范围内各城市不知去向的总量	%

续表

分类	指标名称	指标含义	计算公式	单位
污泥处置	污泥有机组分比例	指污泥中所含有机组分（挥发性固体（VSS））总量 备注：污泥是指二沉池泥水分离并经过浓缩池浓缩后的湿污泥，对于经过加药浓缩脱水、含水率有差别的，应予以修正	污泥有机质总量/污泥产生总量	%
再生利用	污水再生水利用率	指再生水的利用量与生活污水处理总量的比值	（城市杂用＋景观河道补水＋绿化＋工业利用＋农业灌溉）再生水利用量/生活污水处理总量	%
监督管理	生活污水处理费标准到位比例	指城市实际污水处理收费标准与国家规定最低污水处理收费标准之间的比值	实际污水处理收费标准/国家规定最低污水处理收费标准	%
	生活污水处理费收缴率	指城市生活污水处理费实际收入总额占应收缴污水处理费总额比例	污水处理费实收总额/污水处理费应收总额	%
	单位污水管网运行维护人员数	指城市污水管网运行维护管理人员总数与城市污水管网总长度之间的比值	城市污水管网运行维护管理人员总数/城市污水管网总长度 备注：污水管网长度＝分流制污水管网长度＋合流制管网长度；对于暂无法区分排水管网和污水管网的，可暂合并计算	人/km
	排水许可发证率	已发放重点排水许可证总数与应发放排水户总数的比值	已发放重点排水许可总数/应发放排水户总数	%

本章构建的城镇排水与污水处理行业监管指标体系具有重点突出、条理清楚、层次分明、操作性强等特点。在完善指标定性定量化研究的前提下，该指标体系可为决策者提供科学、有效、简便的理论支持，对城镇水系统的健康、全面可持续发展具有重要意义。相关政府部门、城市及地区等均可参考此指标体系来进一步构建合适的指标体系。

第四节　中国城镇排水与污水处理行业监管建议性指标

在城镇排水与污水处理行业监管指标体系基础上，根据国家、行业、部门需求提出行业监管建议性指标。建议性指标主要包括：城镇污水收集效能、城镇污水处理效能、污泥处理处置效能、再生水利用效能、监督管理、引领行业发展等方面。这些指标可能是未来行业发展所需要的，但受限于技术、统计方法，目前尚不能完全实现。

一、城镇污水收集效能方面

（一）排水管网覆盖率　指城市建成区排水管网覆盖区域面积与城市建成区面积的比值。

该项指标反映是否存在管网覆盖的空白区，未来随着我国城镇化率的继续提升，将成为衡量城市发展是否均衡、是否充分的重要依据。

（二）污水管网漏损率　指渗入或倒灌进污水管网的外渗水量与污水总量的比值。

该项指标与一级指标中的污水收集效率（生活污染物收集率）都能反映污水收集效能，即污水管网实际收水的效率。但目前受限于漏水量的测定技术限制、经费制约等，调研发现仅有少量区域开展实验性测定，相信随着技术的不断发展和进步，今后将成为污水管网系统重要的监测指标。

（三）管网运行维护管理成本　指对城市污水管网进行运行、维护、管理产生的费用，即城市年度污水管网运维总费用。该指标反映对污水管网维护的投入情况，在不同城市间、同一城市的不同时期，具有可比较、可考核的意义。

二、城镇污水处理效能方面

（一）污水处理稳定达标率　指污水处理厂稳定达标排放天数与评估时限的比值。

（二）单位污水量运行成本　指评估期限内，处理单位污水所需的运行成本。即污水处理直接运行费与处理水量的比值。

三、污泥处理处置效能方面

单位污泥处理成本　指评估期限内，处理单位污泥所需的运行成本。即污泥处理直接运行费与污泥处理处置量的比值。

四、再生水利用

（一）再生水设计规模（生产能力）　指污水处理厂排放标准为一级 A 时，污水处理厂的生产能力。

（二）再生水生产运行费用　指污水处理厂排放标准为一级 A 时，污水处理厂的生产运行的费用总和。

五、监督管理

监督管理指标主要反映行业主管部门对污水处理单位的监督管理能力。数据是开展行业监管的基础，如果不能有效地掌握运行数据，监管效率就会大大降低。

（一）在建项目上报率　指建设中的污水处理厂数量与污水处理厂总数的

比值。

（二）运行项目上报率 指正在运行的污水处理厂数量与污水处理厂总数的比值。

（三）水质上报率 指处理后水质主要污染物上报天数与污水处理厂运行天数的比值。

六、引领行业发展

（一）就业量 指统计从事城市污水收集、处理和回用工作的人员总数。

该项指标既能反映行业的发展状况，也能够为评价排水与污水处理行业在整个国民经济运行中的作用提供支撑。

（二）单位处理人员数 指处理单位污水量所需的工作人员数量，即污水处理厂人数与污水处理厂处理规模的比值。

未来污水处理将不断在集约、高效、低碳、节能方面取得进步，行业监管也应适应这一需求，在未来更加注重技术提升、科技进步对效率提升的贡献。

（三）单位削减污染物人员数 指削减单位污染物所需的工作人员数量，即削减单位污染物总量与所需的工作人员数量的比值。

第四章

中国城镇排水与污水处理行业监管能力配置及网络构建

根据研究获得的城镇排水与污水处理行业监管指标体系，基于对各级城镇排水户、管网、污水处理厂等不同单位的管理需求，本章提出了基于各级责任主体应匹配的监督监测能力配置方案和监测网络建设方案，对于保障城镇排水与污水处理设施的高效稳定运行、推进城市污水处理提质增效、助力城市高质量发展具有十分重要的意义。

第一节　中国城镇排水与污水行业监管能力配置情况及需求

根据城镇排水与污水处理行业三级指标体系，本章提出建立与国家、省级、城市三级责任主体相匹配的污水处理监督监测能力配置方案。配置方案立足于政策支持、技术支撑、监督管理、资金投入和宣传引导等五个方面，同时，针对不同责任主体对不同层级指标提出了相适应的监管内容。

国家层面配置方案重点关注三级指标体系中一级指标，以及个别二级指标和三级指标，以便于从宏观角度把握行业发展趋势，制定监督指导政策；省级层面配置方案重点关注三级指标体系中部分一级指标、二级指标，以及少量三级指标，便于指导和监督本省城市均衡发展、补齐短板；城市层面作为城市排水与污水处理的责任主体，配置方案重点关注三级指标体系中的二级指标和三级指标，以及少量一级指标，重在落实国家层面和省级层面确定的各类发展规划和建设计划。

一、政策支持方面

（一）国家对于监督监测能力配置的政策支持

国家层面（主要是中央有关部门）需要根据一级指标反映出来的问题和特点，及时提供相应的政策、制度和指导意见，强调全过程管理。

1. 健全法律法规和各项政策制度

国家有关部门制定各项关于城市污水处理相关的法律法规、技术规范及标准，参照人民政府依据相关法律法规对省级城市污水处理工作进行监督指导。同时有关部门应编制全国的城镇排水与污水处理规划，明确全国城镇排水与污水处理的中长期发展目标、发展战略、布局、任务以及保障措施等。城镇排水与污水处理规划的编制，依据国民经济和社会发展规划、城乡规划、土地利用总体规划、水污染防治规划和防洪规划，并与城镇开发建设、道路、绿地、水系等专项规划相衔接。

2. 针对当前突出问题给予科学指导

污水收集环节的设施建设、政策制度都是当前的突出短板。国家指导各地区加快推进城镇生活污水管网建设，科学确定新增生活污水管网规模，新建区域按照雨污分流原则，有条件的雨污合流区域逐步实施分流改造，加大城镇生活污水处理设施配套管网收集力度。结合城市排水防涝设施建设规划、排水专项规划、海绵城市专项规划、黑臭水体整治计划等相关规划要求，同时加快实施老旧污水管网改造和合流制排水系统雨污分流改造。督促各地因地制宜建设雨水收集设施，推进初期雨水收集、处理和资源化利用。

3. 建立合理的污水排放处理收费制度

排水设施建设落后于国民经济发展需要的主要原因是发展机制受阻，表现在缺少资金以维持正常生产和扩大再生产。这是由于长期以来，人们普遍将排水工程看作福利事业，由政府包办的做法造成的。因此，必须建立起强有力的资金支持政策，规范污水排放收费制度与法规，将污水处理收费涵盖污水收集环节，按照“排水设施维护成本＋污水处理运行成本＋合理利润”的机制进行定价。

4. 加快推进污染治理基础配套设施建设

加快城镇生活污水处理设施建设，推进农户聚居点、风景区的生活污水处理设施规划和建设，逐步解决生活污水处理能力不足问题。在相对集中的居民点，可配建人工湿地池、污水净化池等设施。乡镇污水处理厂尽量选择统一工艺，实行统建、统管、统运，保证正常运行，切实发挥治理作用。提高污水收集率，逐步提高污水处理厂运行负荷。加强中水回用工程建设，统筹考虑节约用水和水资源的有效利用。加大垃圾填埋场渗滤液处理设施建设力度，提高污泥无害化处置率。加强对污染治理设施管理人员和技术人员的业务培训，提高污染治理设施运行管理水平。

（二）省级层面对于监督监测能力配置的政策支持

1. 重点排水户的监督与监测管理

各省级城镇排水管理部门应制定专门的政策制度、规章办法，指导和督促本地区城市加强对重点排水户排水水质的动态监测和管理，切实保障城镇排水设施不受损坏及污水处理厂的正常运行。以各地市的城镇排水监测数据为基础，加强排水监测管理，防止有毒有害污染物对城镇排水与污水处理造成的威胁。

2. 污水处理设施建设规划支持

省级城镇排水管理部门应按照国家规划的要求，制定本省的建设规划，加快补齐城市管网短板，积极推进再生水利用，统筹开展污泥无害化处理处置设施建设，因地制宜确定污泥处理处置技术。

3. 城镇污水配套法规体系建设

可采取法律援引的方式规定相关法律制度的适用：第一，明确与重申适合城镇污水处理厂应用的相关法律制度，从而确保立法体例的法律适用性以及其完整性。第二，在其他相关法律、规章中关于污水处理厂环境监管予以明确规定的，要注意避免重复，确保其和法律规定间的协调性与一致性。第三，在其他相关法律与规章中进行该规定的修订与完善时，要确保其与相关法律规定间的动态一致性与协调性。

（三）城市对于监督监测能力配置的政策支持

1. 严格执行“排水许可证”管理制度

实行排水许可管理制度，是对企事业单位和个体经营者的排放水质、水量进行动态监测、监督和管理，对城镇污水进行集中处理，推进城镇排水设施有偿使用，控制城镇水污染，维护城镇排水设施的功能，保证排水设施正常运行，改善城镇水环境。具体而言，实行排水许可管理，就是要加强对排水设施的管理，杜绝私接乱接，责令严重超标排放的用户限期治理，限制排放，保证排水设施（包括下游污水处理厂）的正常运行。城镇排水管理部门指导排水户按规定的程序申报排水情况，并对排水户排放的水质进行检测，依据检测结果，对符合国家排放标准的，按程序发放排水许可证。对已经领取排水许可证的用户，进行不定期水质检测、抽查，实行许可证管理年检制度，达到长期管理的目的。

2. 规范污水委托合同

城镇污水处理厂和排污者之间必须签订相应污水委托处理合同，在合同中还应将城镇污水处理厂可接纳的标准、年处理能力、运行情况、处理工艺以及排污者污水排放标准、排污数量与种类等明确标注，并上报当地生态环境部门备案。在该合同中所明确的关于排污者所排污水中污染物数量、类型以及排放标准，若污水处理厂处理工艺或年处理能力不达标，应将其视为无效合同来处理。若视为排污者向水体直接排放污染物的，可按照相关环保法规中具体的规定来实施环境监管。注意在排污者和污水处理厂签订合同时，需确定排污者法定污染防治义务与责任。

二、技术支撑方面

（一）国家对于监督监测能力配置的技术支撑需求

当前，我国城镇污水处理行业监管能力及网络构建在国家层面上的技术支撑需求主要包括规划和技术政策、排水管道检测与评估制度、科学合理运行管理模式、科技创新等方面进行支撑，具体如下：

1. 规划和技术政策

尽快完善相应的国家级规划和技术政策，应以加快推进城镇生活污水管网建设、科学确定新增生活污水管网规模等为重点。新建区域按照雨污分流原则，有条件的雨污合流区域逐步实施分流改造，加大城镇生活污水处理设施配套管网收集力度。结合城市排水防涝设施建设规划、排水专项规划、海绵城市专项规划、黑臭水体整治计划等相关规划要求，加快实施老旧污水管网改造和合流制排水系统雨污分流改造。因地制宜建设雨水收集设施，推进初期雨水收集、处理和资源化利用。

2. 排水管道检测与评估制度

作为“控源截污”一系列措施中的重要环节，查明排水管道存在的各种缺陷和雨污混接情况，是采取有针对性措施的前提。摸清排水口上游管道及检查井缺陷类别、外来水种类、水量大小、评估缺陷等级和雨污混接情况，为管道及检查井缺陷修复和雨污混接治理提供重要依据。国家可提供排水管检测与评估方式和方法，现行行业标准主要有《城镇排水管道维护安全技术规程》CJJ 6、《城镇排水管道与泵站运行、维护及安全技术规程》CJJ 68、《城镇排水管道检测与评估技术规程》CJJ 181 等，这些行业规范方法为排水管道的检测和评估提供可规范操作依据。

3. 推行科学合理运行管理模式

进一步加强运行管理也是保障排水管网安全运行的重要手段。我国目前很多城市排水管道淤积严重、运行水位较高，在雨天水量激增时缺乏输送能力的可提升空间，导致溢流排放现象严重，影响排水管网的安全运行。排水管网的低水位运行模式是指在管道清淤维护的基础上，通过泵站的日常管理调控，尽量排空管道内的水，保持管道低水位运行。低水位运行模式可使污水快速排入污水处理厂，减少污染物在管道内的沉降，提高污水处理厂进水的污染物浓度，从而有效避免因污染物浓度过低而影响污水处理效率。

4. 全面推广海绵城市规划建设理念

海绵城市建设以“保障水安全、治理水环境、涵养水资源、改善水生态”为目标，遵循生态优先等原则，将“山水林田湖”作为生命共同体和完整系统，通过“渗、滞、蓄、净、用、排”等技术措施，将自然途径与人工措施相结合，通过源头减排、过程控制、系统治理，在确保城市排水防涝安全的前提下，最大限度地实现雨水积存、渗透和净化，促进雨水资源的利用和生态环境保护，同时实现小雨不积水、大雨不内涝、水体不黑臭、热岛有缓解。在城市的规划建设中，排水与污水处理系统是其中非常重要的一个部分。针对海绵城市的建设目标，要将市政排水工程等灰色基础设施与海绵城市的各项技术进行有效结合，从而提升城市水生态环境。

5. 科技创新支撑

城镇排水管网是重要的城镇基础设施，是衡量城镇现代化水平的重要标志。与发达国家相比，我国在排水管网相关的技术储备和装备产业化方面较为落后，不利于保障排水管网的安全运行。因此，在开展内涝防治和污染控制技术研究的同时，需要重点研究排水管网技术装备，同时也要注重运行维护系列装备，如超声检测等管道精确检测设备、复合纤维等管道修复材料、高效冲洗疏通设备和振动筛分污泥处理设备等。通过排水管网技术研究和装备研发，实现排水管网的“技术自主化、设备国产化”，全面提升我国排水管网技术设备水平，已成为当前排水管网领域的重要发展方向。另一方面，应建立污水监管信息平台建设，将三级指标体系根据各层级需求纳入监管平台，提高城镇污水处理行业监管的准确性。

（二）省级对于监督监测能力配置的技术支撑需求

为有效推进省级城镇污水处理行业监管能力及网络构建，基于统一的信息监管平台，可充分利用各种现代无线传输技术监测全省污水处理处置设施现场情况。可在城市环境综合整治定量考核中，将在线监控设施的安装、运行、管理纳入考核指标体系中，以此扩大在线监测数据的应用范围和作用，促进在线监控能力建设，使监管部门能更及时、准确、具体、全面地掌握信息，提高执法的快速反应能力、全面的监管能力和科学决策的支持能力。

（三）城市对于监督监测能力配置的技术支撑需求

城市级别的城镇污水处理行业监管能力及网络构建需要在以下方面全面提升：

1. 提高排水管道维护管理水平

及时发现结构性与功能性缺陷和雨污混接等问题，并采取针对性措施，保证设施功能正常发挥。维护管理工作主要有：计划编制、定期检测、定期维护、台账管理等。

维护管理指标一般包括：疏通率、单位管长产泥量、单位管长维护经费等。通过维护指标的分析对比，查找薄弱点和关键点，指导维护工作开展。

建立维护管理台账，包括原始记录和统计报表。统计报表应按管道类型、管径、维护作业方式等统计维护工作量，按月统计工、料、机等。

2. 提高污水处理厂运行管理水平及异常情况处置能力

污水处理厂作为工业发展的重点基础设施，是社会可持续发展的有力保证，污水处理厂正常运行是保障污水达标排放的重要环节。污水处理工艺流程的运行管理水平的提升不仅有助于提高污水处理设施运行效率，而且可以降低运行成本；同时，对污水处理工艺的正确诊断和故障的安全排出，是保障污水处理厂正常运行的重要因素之一。

近年来，我国城镇在污水处理技术水平上已取得了突飞猛进发展，但高水平运行管理以及异常情况处置能力的不足导致部分污水处理厂运行效果欠佳、出水水质难以稳定达标。因此，在提高我国污水处理工艺设计水平和完善相关设备与设施的同时，污水处理厂运行管理的专业技术水平及异常情况处置能力也需同步提高。

在污水处理运行管理工作中，重点关注污水处理系统的水质、运行操作、化验检测以及设备和资金等管理。而对生产质量管理不仅是对出水水质的监测化验与记录，还应该分析参数根据环境情况而变化的原因，做到在确定科学合理的工艺运行参数，摸索出水质变化的规律，以及实验和研究水质的可生化性，寻找提升 COD、TP 等指标的去除率和水质的可生化性的有效操作方式，最后统计出水量并及时地汇总上报。污水处理系统的运行操作管理的首要目标是要确保污水处理系统的正常运行，同时要求操作人员和技术人员熟知系统运行的紧急情况处理手册，并能在故障或紧急情况下作出及时正确地处理，杜绝误操作事故的发生，以确保出水的水质符合标准。同时为了降低系统的运行成本，还要在安全生产的前提下减少能量的消耗，通过对污水处理系统的改进，以及加强对操作人员的综合素质的提高，确保操作人员在污水处理系统运行时的人身安全和身体健康。

因此，在污水处理厂在实际发展期间，应树立正确观念，创建科学化与合理化的工作机制，加大运营管理工作力度，协调各方面工作之间的关系，在科学管理与分析的情况下提升运营管理工作质量，优化整体管控模式与体系。

3. 建立污水处理养护机械推广机制

对污水处理厂而言，其生产工艺有大量的加工设施（或构筑物）和辅助生产设施，如格栅阻挡器、泵、搅拌器、风机、投料设备、污泥浓缩脱水机、混合搅拌设备、空气扩散装置、电动阀等。这些种类繁多的功能不一的设备在运行维护与保养的时候，具有一定的难度，一旦工艺设备发生故障将会影响整个污水处理厂的运行。同时，近年来为了确保排放污水达到国家标准，工厂引进许多较为先进的设备，但是由于人力资源成本等方面的问题，缺乏专业性极高的工厂设备保养及维护人员。因此，为了保证污水处理厂的正常良性运转，对污水处理设备进行维护和保养至关重要。

总而言之，建立污水处理厂机械设备的运行维护和养护机制，是确保污水处理能够正常运行的重要前提之一。在其运行过程中，及时发现相关设备在运作过程中存在的潜在问题，及时处理。从根本上控制设备出现故障的可能性，全面提升其运作效率，进而使工厂的运行绩效大大提升。

对排水设施而言，近年来由于污水排放量增加，养护工作量增加，养护难度提高，人工工资不断增长，且劳动保护安全施工要求严格，提高排水设施机械化养护程度刻不容缓。排水行政主管部门以养护工序完整、作业效率高为基本原则，构建适应各地自身排水设施状况的养护机械推广机制，确保各类机械在排水设施养护作业中相互协调、平衡，发挥自身的性能。以此为目的，排水管理处首先需要根据定额为基准制定基本养护机械的种类和功率标准，并作为准入制度中的资质之一，要求各排水设施养护企业必须拥有；其次要求企业根据自身条件逐步提高养护机械的技术水平及性能，充分发挥因地制宜的特点使养护机械的使用经济、高效；定期召开养护机械推广会，邀请排水行业内的养护机械生产商介绍目前国内外最新的排水设施养护机械及技术，请各排水设施养护企业现场交流各自在排水设施养护中遇到问题所采取的措施，从而使企业能选择最适合自身发展的养护机械。

三、监督管理方面

（一）国家对于监督监测能力配置的监督管理

1. 加强监测数据信息管理

按照统一规划、统一标准、统一开发、统一实施的原则，分级建设国家—省（市、自治区）—市—县相衔接的污水处理环境监督管理系统，形成集信息获取、传输、管理、分析、应用、服务、发布于一体的信息平台。各级生态环境部门要建立配套的系统运行和数据信息管理办法，做好监测数据的处理与入库，实施科学化、专业化管理。

2. 实施数据信息公开共享管理

制定实施分级负责的污水处理监测信息公开方案，将社会公众关注的环境监测信息纳入公开范围，主动接受社会监督。建立国家和地方监测数据共享机制，出台信息共享审批及配套管理办法。及时跟踪、应用区块链、大数据分析等技术，确保信息的可靠性、科学性、准确性，发挥公众监督作用。

3. 健全相应的管理人员

城镇排水与污水处理行业既具有一定的专业性，又具有较强的政策性，国家层面的法规、政策制定，离不开具有相应背景的人员。国家层面的管理人员，应优先考虑从熟悉地方排水工作的基层管理人员、有专业背景熟悉法规制度的专业人员中选拔，可通过增加地方与中央双向交流、加强定向培养等方式进行。

（二）省级层面对于监督监测能力配置的监督管理

1. 建立排水设施养护常态化管理机制

省级排水行政主管部门应建立排水设施养护的指导性意见，并监督各相关城市实施。将排水设施养护维护情况进行统一考核、排名，调动各城市的积极性。

2. 完善城市环境综合定量考核

在城市环境综合整治定量考核中，将在线监控设施的安装、运行、管理纳入考核指标体系中，以此扩大在线监测数据的应用范围和作用，促进在线监控能力建设。

（三）城市对于监督监测能力配置的监督管理

1. 加强城市排水户监督管理和规范排水行为

城市排水行政主管部门负责本市排水户的监督管理，并组织实施城市排水户分类管理办法。可委托城市排水管理机构，具体负责排水户的日常管理工作。排水管理机构应配置必要的人员、设备，能够满足《城镇排水与污水处理条例》《污水排入城镇下水道水质标准》GB/T 31962—2015 等规定的指标和频次，开展排水户排水的检测。

排水户内部排水设施应当按雨、污分流要求建设，设计、施工、监理应当符合相应的国家规范；在城市污水集中处理设施到达区域，应当将污水排入城市污水集中处理设施，排放污水水质应当符合《污水排入城镇下水道水质标准》GB/T 31962—2015 和其他相关规定。在城市污水集中处理设施尚未到达的区域，应当按照城市排水规范的要求，自建污水处理设施，处理达标后按规定排入指定区域，待污水集中处理设施到达该区域时再按要求将污水接入。已建排水设施未实行雨、污分流的，已建住宅小区应当根据城市排水规划进行改造，其他排水户应当按照城市排水的规范要求自行进行内部雨、污分流改造，并按照要求接入城市公共排水设施。

2. 强化分类管理工作

排水设施的养护按照“谁所有、谁管理、谁受益、谁负责”原则，由排水设施的产权人负责管理。建成后的居民住宅小区的内部公共排水设施，由产权人或者产权人委托的单位负责养护。污水支管到户工程已经实施区域的排水设施，由市排水管理机构统一养护管理。

排水设施养护责任单位应当按照以下要求进行养护作业：第一类排水户内部管道应定期疏通清淤，管道、窨井内积泥不超标，窨井盖丢失、损坏要及时补缺、更换；第二类排水户应当落实油污、废弃物清捞责任人，每周不少于一次的清捞，防止油污大量堆积，确保管网畅通，并做好台账，保存连续六个月的清捞记录资料；第三、第四类排水户应当负责定期清理各类预处理设施，防止城市公共排水设施的淤塞，确保排水设施正常运行，经处理产生的污泥、垃圾应当落实消纳场所，不得将污泥投入城市公共排水设施；第五类排水户要保证污水处理装置的正常运行，加强对水质、水量在线监测仪的日常维护保养，不得擅自关停或闲置污水处理设施，遇突发事件需暂停污水处理设施的，应当立即采取应急措施并向环境保护主管部门和排水行政主管部门报告，同时告知可能受到污染、损害的单位。

3. 执行排放标准和建立监测档案

排水管理部门应加强对排水户的监管，纳管排水户排放污水水质严格执行《污水排入城镇下水道水质标准》GB/T 31962—2015 和相关国家行业标准。城镇排水主管部门应当按照属地管理和分级负责的原则，对排水户排放污水的水质进行监测，采取水质样品方式采用瞬时样。同时，城镇排水主管部门委托的排水监测机构，应当对排水户排放污水的水质和水量进行监测，并建立排水监测档案，排水户应当接受监测，如实提供有关资料。城镇排水主管部门应当加强对排放口设置以及预处理设施和水质、水量检测设施建设的指导和监督；对不符合规划要求或者国家有关规定的，应当要求排水户采取措施，限期整改。

4. 严格要求，加强检查力度

工程质量监督人员应尽量多到工程现场进行巡查，深入建设第一线，详细检查施工与监理等相关人员的现场到位状况，以及人员资质、专业结构、专业规范，特别是强制性条文的执行状况与材料的送检情况等。对于工程施工质量，要进行科学的分析与核查，不可模棱两可。同时，还应结合自身经验，尽量多与参建单位沟通交流，宣传贯彻质量安全责任意识、质量通病防治与关键环节注意事项等，从根本上杜绝质量隐患。除此之外，质量监督人员要熟悉结构质量验收规范，以及具体排水管网专业设计与相关知识，避免工程实体质量满足结构要求，但却无法正常使用或者是无法充分发挥出其专业性能等方面问题的发生。

5. 提高质量责任意识，严格控制关键环节质量

市政排水管网是城市发展过程中重要的市政公共设施，一旦出现质量问题，影响范围较大，其直接关联着城区环境与人民群众的人身安全，针对此情况，工程参建各方必须高度关注工程质量安全。此外，还应有服务群众的意识，工程建设质量应当听从群众的需求，以群众满意度为最高标准，始终坚持群众路线，将确保工程质量安全与提升公共投资效益作为首要任务，即为对国家负责，对群众负责。

严格控制工程施工质量，贯彻落实施工管理事项，全面掌握沟槽开挖、回填与闭水试验关键环节的操作。各管理单位应不断增强施工过程的监督，重点检查开挖深度、回填方式、闭水试验方式、结果准确性等，如果有必要，还应对施工单位文字资料与影像资料进行仔细的检查。在工程施工与验收过程中，一旦发现问题，必须督促相关部门与工作人员及时整改，以绝后患。

6. 增强养护意识并完善养护管理

完善养护管理可以增强养护管理效果，使排水设施在监督与控制的过程中，更加合理、科学。在此基础上，不断提高城市排水设施养护管理的水平。主要包括这几个方面：首先，对管网进行精细检查。管网检查有利于及时发现问题，对故障进行处理，从而保证了管道的正常运行。同时，采取精细化的检查手段，可以使管道调查更加真实、有效。通常情况下，在细化管网调查中，可以采取日常巡视、定期检查，优化技术的办法。其次，制定规范化、科学化的作业流程。在排水管网养护管理中，要求操作人员严格按照相关规范、流程操作，将每个环节落实到位。同时，从多个方面加强对排水设施的控制与监督，以此来提高排水设施的养护效果。

7. 推动深化监管人员业务工作能力

监管人员应通过熟悉污水处理厂收集系统的服务范围、排入收集系统的企业的废水设施运行情况、特征污染物等，掌握污水处理厂的水处理工艺原理、工艺流程、工艺控制参数、突发环境事件的应急管理，根据《污染源自动监控设施现场监督检查办法》，对尾水排放系统和水处理设施进行定期或不定期的现场督查，做到有的放矢。

8. 加强环保监管，加大日常执法力度，严惩造假行为

加强环境执法能力建设，进一步加大基层环保日常监管力度，对违法排污行为依法从严从重处罚，确保企业达标排放。监测、监察执法垂直管理制度改革，进一步理顺管理体制，健全管理机制；全面落实环境监察执法经费财政保障制度，严格按照环境监察机构标准化建设标准配备执法装备，保障执法用车，统一着装。加大对污水处理设施不正常运行、污染源在线监控设备不正常运行等突出问题的监管力度。将在线监控设施的综合运行情况纳入环境监察工作年度考核指标之中，促进环监部门加强对在线设施进行监管。生态环境部门要把城镇污水处理厂作为监督性监测、污染源建档和信息公开的重点，生态环境部门至少每月对城镇污水处理厂进行一次现场执法检查，环保监测部门每月开展一次监督性监测，同时做好对自动检测仪器的比对监测工作和自动监测数据的有效性审核工作。要及时记录及公布城镇污水处理厂污染排放、环境监测、运行状况等相关情况实行动态管理，发挥舆论监督作用，动员全社会的力量推动节能减排。

9. 建成建设工地及周围排水设施保护、养护、维护的长效管理机制

排水行政主管部门与建设工地施工总承包单位签订水设施保护、养护、维护责任书，并创建双月例会制度和联络员制度，在责任书中须明确排水设施养护企业对工地日巡视、周清捞、月疏通落实情况的检查推进责任，打通检查通报制度。

四、资金投入方面

（一）国家对于监督监测能力配置的资金投入

随着城镇化建设进程的不断推进和党中央、国务院对我国生态文明建设重视程度的不断提升，用于城镇排水管网建设和运行维护的专项资金投入将日益增加。为规范管理专项资金，提高资金使用效益，2015 年和 2016 年，财政部与住房和城乡建设部先后发布了《城市管网专项资金管理暂行办法》（财建〔2015〕201 号）和《城市管网专项资金 绩效评价暂行办法》（财建〔2016〕52 号），从顶层出发，规定了资金管理制度和绩效评价办法。各级政府需全面制订资金管理使用的相关细则，进一步加强资金使用的规范性、安全性和有效性。但中央资金专项支持的领域经常动态调整，难以保证长期投入，建议国家应进一步加大相应的资金支持，有效调动地方积极性。

（二）省级对于监督监测能力配置的资金投入

加快推进政府和社会资本合作，明确投融资方案、收益分配方案等，用大项目包吸引大型专业企业参与污水处理设施建设。可通过引导资产兼并、企业重组等方式，打破区域和行业等限制，形成专业化、规模化的大型企业集团，解决部分已建成的污水处理设施因规模小、布局分散造成的运营效率低下等问题；污泥处理处置设施可选择自建自营、购买服务、EPC 等方式实施。

（三）城市对于监督监测能力配置的资金投入

城市人民政府应合理、充分运用经济杠杆，如合理收费、税收政策调整和政府财政补贴等措施，鼓励开展“排水户、厂、网、河湖”一体化运作，让专业的企业来统一负责城市排水与污水处理管理工作，政府采取补贴、购买服务等方式，实行绩效考核、按效付费，整体提高行业技术水平，形成“区位优势互补、全流程负责”的“专业人干专业事”的现代化治理体系。同时，应将城市排水设施建设、运行维护的资金纳入预算管理。城市人民政府可根据自身实际情况，拓展污水处理和污泥处理处置设施的建设和运营模式，资金投入可采取贷款贴息、先建后补、以奖代补等补助方式，充分发挥财政资金引导带动作用。综合运用 PPP 模式、财政与金融资本互动等多种方式鼓励和引导社会资本、金融资本参与污水处理设施项目的建设和运营。要广开门路、审慎甄选，引入资金实力雄厚、专业能力强大、运营经验丰富的大型污水处理企业。

五、宣传引导方面

（一）国家对于监督监测能力配置的宣传引导

充分利用媒体拓宽信息渠道，大力宣传城镇排水管网、污水治理的各项政策措施及其成效，形成有利于推进水生态环境治理的舆论氛围。通过制作公益广告片、宣传册等方式，多渠道、多形式做好群众宣传教育工作。

（二）省级对于监督监测能力配置的宣传引导

省级政府通过宣传例会、宣传资料等多种形式，及时传达上级文件精神，围绕重点宣传任务，指导开展好宣传报道，充分发挥新媒体的特点和优势，不断提升宣传污水处理处置设施运行效果和社会影响，为全省营造良好舆论氛围。

（三）城市对于监督监测能力配置的宣传引导

政府采取发放倡议书、宣传单、张贴宣传标语、入户宣传讲解、微信平台发布、电视专栏播放等传统媒体与新兴媒体相结合的形式，广泛宣传城市污水处理处置设施的工作成效。政府相关部门可通过加强与国际组织、高等院校、科研单位等专业机构的交流合作，广泛开展污水处理处置设施技术交流合作，提高污水处理处置设施运行能力，同时，不断提高公众对污水处理处置设施环境效益的关注度和支持度，为生态环境高质量发展打下坚实基础。

大力推进生态文明建设是我国重要的战略决策部署，已纳入国家发展整体布局，污水处理行业的科学监管、运营管理水平的不断提高，是保证污水处理和排水管网协调运行、确保整个排水系统安全和高效运行的重要一环，对推进我国生态文明建设具有重要意义。

近年来，通过从国家、省、市等各个层面进行监管，各级单位已经逐步走过建章立制、严格执法的阶段，污水处理厂的守法意识和社会责任感也日益增强。下一步的工作重点，既要继续把各项管理监管工作落实到实处，又要与污水处理厂一道共同推动污水处理设施厂网一体化、信息化和标准化建设，切实做好提质增效工作，提高运营管理水平，为促进水污染防治和改善水环境做出应有的贡献。

第二节　中国城镇排水与污水处理行业监测网络构建

一、监测网络构建必要性分析

以习近平新时代中国特色社会主义思想为指导，为全面贯彻党的十九大精神和十九届二中、三中全会精神，紧紧围绕统筹推进“五位一体”总体布局和协调推进“四个全面”战略布局，紧扣我国社会主要矛盾变化，认真落实党中央、国务院决策部署和全国生态环境保护大会要求，生态环境问题成为需优先解决的民生问题。习近平同志高度重视质量治理能力的提高，多次强调要加强质量管理制度建设，曾指出：“保护生态环境必须依靠制度、依靠法治。只有实行最严格的制度、最严密的法治，才能为生态文明建设提供可靠保障”“要建立责任追究制度，我这里说的主要是对领导干部的责任追究制度”“要深化生态文明体制改革，尽快把生态文明制度的‘四梁八柱’建立起来，把生态文明建设纳入制度化、法治化轨道”等，为我国构建起完备的行业监管网络体系提供了指导。

当前，住房和城乡建设部建立了覆盖全国所有市、县和部分建制镇污水处理厂的城镇污水处理管理信息系统，能够及时掌握各厂的主要设计参数、进出水水质和水量数据，为城镇排水与污水处理行业监管起到重要的支撑。信息系统采用大集中方式进行建设，程序和数据库统一部署在部级机房，部级、省级、市（县）级、项目级用户通过浏览器，经身份认证后登录系统，并根据不同的权限进行相应的操作，地方不需要建设平台，有效提高了系统推进速度，减少了多层数据交换，节约了项目建设投资。信息系统采用“基层直报、分级核准”的信息报送模式，具体模式为基层直报，具体内容由检修项目的直接主管单位和运营项目的运营企业负责信息填报，完成填报后各级主管部门可即时查看，分级核准。为保障信息填报的真实性，各级行业主管部门需分时段、分级别对属地内填报进行审核。

全国城镇污水处理管理信息系统的主要功能，实时采集全国在建污水处理厂建设情况和运营污水处理厂运行情况，并在此基础上对信息进行挖掘和分析，使各级行业主管部门动态掌握行业现状，为决策提供详实的数据支撑。信息系统的主要功能包括：在建项目基本信息维护、在建项目季报报送、运营项目基本信息维护、运营项目月报报送、上报情况分析、数据核查模块；围绕行业监管和分析，设计的主要功能包括：高级查询、统计分析、绩效考核、设施覆盖等功能。

虽然信息系统实现了全国在建污水处理厂建设情况和运营污水处理厂运行情况的实时采集和更新，并在此基础上可对信息进行挖掘和分析，但距离未来基于三级指标体系的监管需要尚有不足：一是现阶段仅涉及污水处理厂相关数据内容，尚未覆盖污水收集全流程，缺少排水户和管网相关数据信息，污水再生水和污泥信息不够全面；二是排水许可情况、排水与污水处理收费情况、管网运行维护费用等监督管理信息在信息系统中尚未体现；三是现阶段信息系统采用基层直报，具体内容由检修项目的直接主管单位和运营项目的运营企业负责信息填报，各级行业主管部门仅对数据进行核准。由此可知，信息系统的填报主要依赖污水处理厂填报，城建统计、城建档案、排水监测等需要各级行业主管部门填报的相关数据还没有纳入该系统。

为适应城镇排水与污水处理行业监管发展的需要，需建立涵盖污水收集、污水处理、污水再生利用、污泥处置和监督管理等全流程环节的监测网络，并充分运用各种信息获取手段，构建基于三级指标不同层级的“管理一张网”监测体系，以适应未来城镇排水与污水处理高质量发展的需要。

二、监测网络构建设想

（一）三级指标检测体系

针对三级指标体系，监测网络构建从三个层级三个不同行政平台进行监管。在监测体系中，国家平台主要负责统计分析，主要重点关注一级指标的监测；省级平台重点关注二级指标的监测，市级平台重点关注三级指标的监测。如图 4-1 所示。

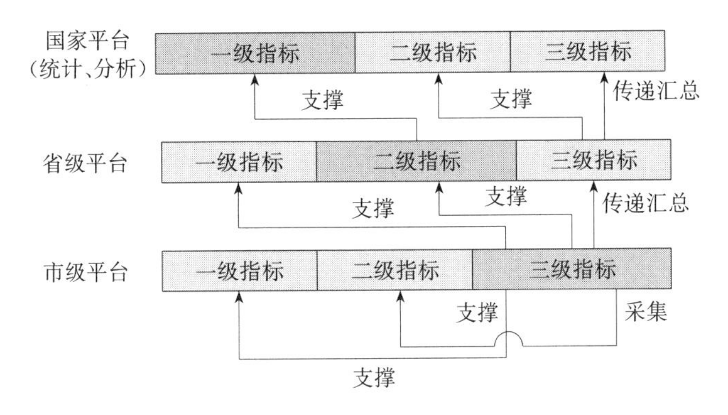

图 4-1　不同层级平台关注重点监测指标分析

（二）污水处理环境监测与监管联动机制

污水处理产业涉及经济发展、财政收支、城市建设规划、环境保护、公共卫生等多个领域，在诸多方面均需接受相关政府部门的指导、管理和监督。通过完善城镇污水处理质量监测与评估指标体系，利用监测与评价结果，为考核问责地方政府落实本行政区域主要污染物排放总量控制、污染预防与处理等职责任务提供科学依据和技术支撑。

（三）实现城镇污水排放处理的监测与执法同步

各级生态环境部门依法履行对排污单位和污水处理厂的环境监管职责，依托污染源监测开展监管执法，建立监测与监管执法联动快速响应机制，根据污染物排放、污水处理效率和自动报警信息，实施现场同步监测与执法，在应急管理、抢险救援、自然灾害应对、突发环境事件处置和重大事件处理工作中，建立应急监测服务于应急处置的协同工作机制，有效应对和控制环境污染，保障生态安全。全国各级生态环境部门应当建立监测与监察执法的协同配合制度，依法履行对排污单位的环境监管职责，形成监测与执法职责分明、同步联动的工作机制。

（四）加强污水排放与处理监测机构监管

城镇污水处理项目在日常运营中，需严格遵守相关法律法规，接受国家、省、县（市）三级相关主管部门的监督管理。国务院住房城乡建设主管部门指导督察全国城镇排水与污水处理工作；县级以上地方人民政府城镇排水与污水处理主管部门（以下称城镇排水主管部门）负责本行政区域内城镇排水与污水处理的监督管理工作；县级以上人民政府其他有关部门依照相关条例和法律、法规的规定，在各自的职责范围内负责城镇排水与污水处理监督管理的相关工作。形成以城镇排水主管部门为主导，并接受如城乡建设主管部门、环境保护主管部门、价格主管部门等其他有关政府部门监督的行业监管体制。各级相关部门所属环境污水处理厂、附属监测站及其负责人要严格按照法律法规要求和技术规范开展监测，健全并落实监测数据质量控制与管理制度，对监测数据的真实性和准确性负责。上级有关部门依法建立健全对各污水处理及监测机构的监管制度，制定环境监测数据弄虚作假行为处理办法等规定。

三、监测网络构建

城镇排水与污水处理监测网络中每个指标都要从不同的渠道获取，形成一个覆盖排水户、收集、处理、再生、监督的体系，丰富了数据来源。从基础平台，采集三级指标体系的数据，从而获得二级指标体系、一级指标体系。构建的城镇排水与污水处理监测网络如表 4-1 所示，监测网络包括污水收集、污水处理、污水再生利用、污泥处置、监督管理 5 大环节，每一环节有不同数据采集对象，同时数据根据实际情况来源于不同途径，数据录入主要由人工或在线仪表完成。

（一）污水收集监测网络

1. 建立国家控点监测制度

进一步健全国家（国控点）—省（中心站）—市—县四级监测业务布局，建成布局合理、功能完善的城镇污水处理监测网络，按照统一规范标准开展监测和评价，客观反映污水处理情况。

2. 健全重点污染源监测制度

污水收集监测网络主要监测对象为排水户和污水管网。

对于排水户而言，采集的数据包括基础信息、排水水质和排水量。基础信息主要指排水许可证登记情况，其获取主要通过人工登记录入，在现有的示范平台上可以获取数据。排水户水质监测工作主要通过各城市排水监测站完成，抽检后人工录入系统或通过在线仪表进行实时监测，其在现有的示范平台上可以获取。

但是，目前我国很多城市对污水纳管尤其是老旧城区的纳管信息掌握不清，难以准确统计接入污水收集系统的人口数。一方面，我国在快速城镇化进程中仍然存在地下管网欠账，许多城市还存在大量空白区，且空白区面积、排水量、排水人口等数据并不掌握，即使在管网设施相对健全的地区，也并不能完全掌握排水户的纳管情况及排水走向，很多老旧小区、沿街商户、大排档等污废水的接驳缺乏规范化管理。另一方面，目前很少城市实现了“厂网一体”运营管理模式，居住小区内部管网、市政管网、污水处理厂的运营维护主体不一致。餐饮、工业、商业等非居民家庭排水产生的污水核算成人口当量也是指标计算的难点。这类排水户的污水排放和居民家庭排水的计入方式不同，无法通过户籍人口数统计，且污水排放量和污染物浓度均有较大的不确定性。因此完善排水户信息是此项工作的重难点。

城镇排水与污水处理监测网络 **表 4-1**

环节	污水收集						污水处理												污水再生利用						污泥处置					
对象	排水户			污水管网			污水处理厂												再生水						污泥					
采集数据	基础信息	排水水质	排水水量	基础信息	水质	水位	基础信息	进水水质			出水水质			进水水量		出水水量			水质			水量			泥质			泥量		
数据来源	排水许可登记	排水监测站	排水监测站	城建档案、日常管理台账	排水监测站	排水监测站	污水处理厂管理台账	监测化验室	排水监测站	环境监督部门	监测化验室	排水监测站	环境监督部门	流量计（监测化验室）	排水监测站	流量计（监测化验室）	排水监测站	环境监督部门	监测化验室	排水监测站	环境监督部门	监测化验室	排水监测站	环境监督部门	监测化验室	排水监测站	环境监督部门	监测化验室	排水监测站	环境监督部门
可获取性	人工登记录入	抽检后人工录入	抽检后人工录入/在线仪表导入	人工登记录入	抽检后人工录入	抽检后人工录入	人工登记录入	人工登记录入	人工登记录入	人工登记录入	人工登记录入	人工登记录入	人工登记/在线仪表导入	人工登记录入/在线仪表导入	人工登记录入	人工登记录入/在线仪表导入	人工登记录入	人工登记录入/在线仪表导入	人工登记录入	人工登记录入	人工登记录入	人工登记录入/在线仪表导入	人工登记录入	人工登记录入/在线仪表导入	人工登记录入	人工登记录入	人工登记录入	人工登记录入	人工登记录入	人工登记录入
示范平台	现有	现有	现有	现有	未来扩充	未来扩充	现有	现有	现有	现有	现有	现有	现有	现有	未来扩充	现有	未来扩充	未来扩充	现有	现有	未来扩充	现有	未来扩充	未来扩充	现有	未来扩充	未来扩充	现有	未来扩充	未来扩充

环节	监督管理													
对象	城市基本信息				排水与污水处理管理基本信息									资料类
采集数据	建成区面积	道路长度	人口	人均污染物产生量	维护费用	生活污水处理最低收费标准	生活污水处理费实际收入总额	生活污水处理费应收缴总额	污水管网运行维护人员数	已发排水许可证总数	应发排水户总数	污水管网实际维护长度	污水管网计划维护长度	政策法规及案例
数据来源	统计数据	统计数据	统计数据	统计数据（污染源普查）	城建档案/计划/统计	城建档案/计划/统计	城建档案/计划/统计	城建档案/计划/统计	城建档案/计划/统计	城建档案/计划/统计	城建档案/计划/统计	城建档案/计划/统计	城建档案/计划/统计	政策法规及案例
可获取性	人工录入	人工录入	人工录入	人工录入	人工录入	人工录入	人工录入	人工录入	人工录入	人工录入	人工录入	人工录入	人工录入	人工录入
示范平台	现有	现有	现有	现有	现有	现有	现有	现有	现有	现有	现有	现有	现有	现有

对于污水管网而言，采集的数据包括基础信息、水质和水量。基础信息主要通过城建档案和管网维护部门日常管理台账获取，采用人工登记的方式录入系统，在现有的示范平台上可以获取数据。污水管网水质监测工作主要通过各城市排水监测站完成，抽检后人工录入系统，目前尚未在现有示范平台上体现，未来可扩充。

此项工作中，排水户排放的污水接入管网且最终被污水处理厂处理才算真正接管。管网缺陷导致无效接管污水在管网中输送过程也是关系到污水能否有效接管的关键环节，管网缺陷问题可能导致实际接入污水处理厂的人口数统计不准确。而目前我国很多城市存在排水管网建设质量不高，运行维护管理不到位，年久失修等问题，这些问题可能会导致管网破裂漏损，也可能造成污水在运输过程中渗漏，管网错接混接导致污水通过雨水管道直排水体。

(二) 污水处理监测网络

污水处理监测网络主要监测对象为污水处理厂。

城市污水处理在线监测管理系统由在线仪器监测系统、数据采集传输系统、信息管理系统组成。该系统可对各污水处理厂基础信息、进水水质、出水水质、进水水量和出水水量实现在线监测，实时掌握城市污水处理厂的污水排放情况及污染物排放总量。

基础信息主要指污水处理厂管理台账，其获取主要通过人工登记录入，在现有的示范平台上可以获取数据。污水处理厂的进水水质、出水水质、进水水量和出水水量需要三方（监测化验室、排水监测站、环境监督部门）进行监测，监测后的数据需要人工登记录入。环境监督部门可通过在线仪表监测污水处理出水水质和出水水量，进水水质和进水水量也可通过在线仪表导入监测网络。排水监测站、环境监督部门对于进水水量和出水水量的监测数据未在现有示范平台上体现，未来可扩充。监测点对监测数据自动采集、处理、保存和远程通信传输；监测中心的计算机数据管理系统对监测数据进行汇总、整理和综合分析，并向各污水处理厂及其主管部门发布。

进一步健全国家（国控点）—省（中心站）—市三级监测业务布局，建成布局合理、功能完善的城镇污水处理监测网络，按照统一规范标准开展监测和评价，客观反映污水处理情况。各级生态环境部门确定的重点排污单位必须落实污染物排放自行监测及信息公开的法定责任，严格执行排放标准和相关法律法规的监测要求。国家级和省级重点监控排污单位要建设稳定运行的污染物排放在线监测系统。各级生态环境部门要依法开展监督性监测，组织开展面源、移动源等监测与统计工作。通过以上工作保证污水处理厂进水分配合理，避免污水进入量超过各污水处理厂处理负荷。

城镇污水集中处理设施运营单位应当按照国家和省级有关标准和规定规范运

行。县级以上地方人民政府环境保护行政主管部门应当对城镇污水集中处理设施的出水水质、水量进行监督监测，并及时将监测结果通报同级人民政府城镇污水集中处理行政主管部门。

(三) 污水再生利用监测网络

污水再生利用监测网络主要监测对象为再生水。

对于再生水而言，采集的数据包括水质和水量。再生水的水质和水量需要三方（监测化验室、排水监测站、环境监督部门）进行监测，监测后的数据需要人工登记录入，其中监测化验室和环境监督部门对于再生水水量监测也可通过在线仪表导入。

监测化验室和排水监测站对于再生水水质的监测数据、监测化验室对于再生水水量的监测数据均可在现有的示范平台上获取。环境监督部门对于再生水水质和水量的监测数据、排水监测站对于再生水水量的监测数据未在现有示范平台上体现，未来可扩充。

再生水利用的行政监管方面应坚持再生水利用实行全过程控制的原则。无论是再生水的前期处理阶段，如污水回收、处理，还是再生水的输送和使用阶段，国家、省、县（市）三级相关主管部门需要对每个环节实行最严格的管制，将安全风险控制在最低限度。同时，包括对再生水设施的正常运行的定期和不定期检查。再生水行政监管需要通过立法明确国家、省、县（市）三级各有关行政监管主体的职责，明确与再生水利用有关的各行政监管主体的法律职权与职责，确保各有关行政主体分工明确，互相配合。

(四) 污泥处置监测网络

污泥处置监测网络主要监测对象为污水处理厂产出的污泥。

对于污泥而言，采集的数据包括泥质和泥量。污泥的泥质和泥量需要三方（监测化验室、排水监测站、环境监督部门）进行监测，监测后的数据需要人工登记录入。

监测化验室对于泥质和泥量的监测数据可在现有的示范平台上获取，排水监测站、环境监督部门对于泥质、泥量的监测数据未在现有示范平台上体现，未来可扩充。

污泥处理处置的综合管理平台（图 4-2），由污泥处理处置信息管理、政府机构现场管理、公众监督管理、第三方评估和环境监测管理构成。通过引入第三方监测来加强人居环境的监测能力，增加公众的信任度。通过运用实时传输和在线定位技术实现水务部门实时管理、过程管理，有效的预防风险事件的发生。通过建立管理指标，可以进一步明确管理职责，可以根据相应的管理指标，构建科学的考核体系，对相关责任单位进行严格的考核，使责任单位不断

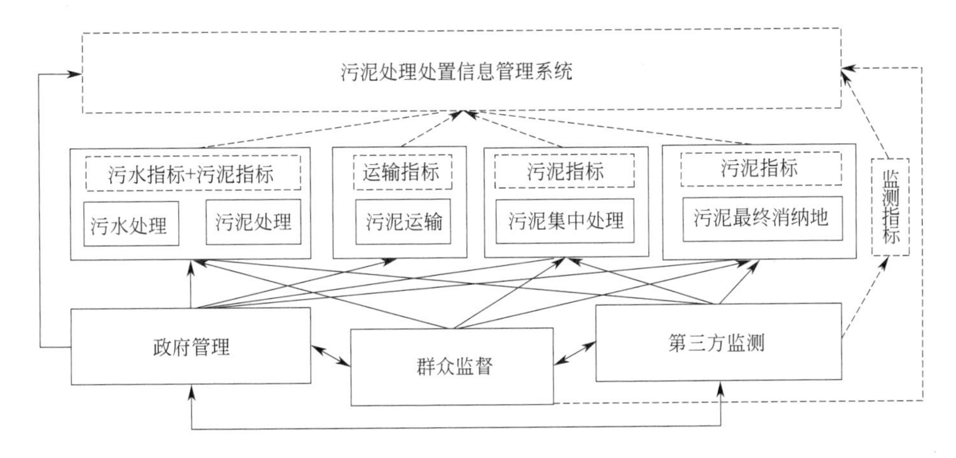

图 4-2　污泥处理处置综合管理平台

提高自主管理能力。通过信息共享和公众监督，不断完善公众参与制度，增强公众的信任度。污泥综合管理平台包括管理主体、责任主体、监督主体和污泥处理处置信息管理系统。管理主体主要是政府相关部门，以水务局为主导，其他部门进行配合。管理主体的主要职责包括：一是对污泥和相关责任主体进行现场监管与数据抽查采集，对责任主体进行绩效考核，对责任主体的运营与履约情况进行核查，异常情况通报；二是督促整改及违约处理，提供服务与技术支持；三是委托第三方进行环境敏感点监测、决策前与处置后风险评估；四是组织或聘用“第三方专业机构”对公众进行环保教育；五是制定相关污泥处理处置的标准政策；六是对公众意见进行反馈；七是负责维护污泥处理处置信息管理系统。责任主体是污泥处理处置的运营单位，主要包括污水处理厂、集中污泥处理厂、污泥运输企业。责任主体的主要职责包括：负责污泥处理处置的管理；负责运营数据与维护数据的记录；负责处理费用的申请。

四、监测与监管联动机制

各级生态环境部门依法履行对排污单位和污水处理站的环境监管职责，依托污染源监测开展监管执法，建立监测与监管执法联动快速响应机制，根据污染物排放、污水处理效率和自动报警信息，实施现场同步监测与执法，在应急管理、抢险救援、自然灾害应对、突发环境事件处置和重大事件处理工作中，建立应急监测服务于应急处置的协同工作机制，有效应对和控制环境污染，保障生态安全。全国各级生态环境部门应当建立监测与监察执法的协同配合制度，依法履行对排污单位的环境监管职责，形成监测与执法职责分明、同步联动的工作机制。

各级相关部门所属环境污水处理厂、附属监测站及其负责人要严格按照法律法规要求和技术规范开展监测，健全并落实监测数据质量控制与管理制度，对监测数据的真实性和准确性负责。上级有关部门依法建立健全对各污水处理及监测机构设备运营维护机构的监管制度，制定环境监测数据弄虚作假行为处理办法等规定。

第五章

中国城镇排水与污水行业监管指标体系对行业发展的影响

第一节　中国城镇排水与污水行业监管指标体系与国家主要相关政策的吻合度分析

一、《中共中央　国务院关于全面加强生态环境保护坚决打好污染防治攻坚战的意见之着力打好碧水保卫战》（2018年6月16日）（以下简称《意见》）

总体目标：到2020年，生态环境质量总体改善，主要污染物排放总量大幅减少，环境风险得到有效管控，生态环境保护水平同全面建成小康社会目标相适应。

深入实施水污染防治行动计划，扎实推进河长制湖长制，坚持污染减排和生态扩容两手发力，加快工业、农业、生活污染源和水生态系统整治，保障饮用水安全，消除城市黑臭水体，减少污染严重水体和不达标水体。

（一）打好水源地保护攻坚战。加强水源水、出厂水、管网水、末梢水的全过程管理。划定集中式饮用水水源保护区，推进规范化建设。强化南水北调水源地及沿线生态环境保护。深化地下水污染防治。全面排查和整治县级及以上城市水源保护区内的违法违规问题，长江经济带于2018年年底前、其他地区于2019年年底前完成。单一水源供水的地级及以上城市应当建设应急水源或备用水源。定期监（检）测、评估集中式饮用水水源、供水单位供水和用户水龙头水质状况，县级及以上城市至少每季度向社会公开一次。

（二）打好城市黑臭水体治理攻坚战。实施城镇污水处理“提质增效”三年行动，加快补齐城镇污水收集和处理设施短板，尽快实现污水管网全覆盖、全收集、全处理。完善污水处理收费政策，各地要按规定将污水处理收费标准尽快调整到位，原则上应补偿到污水处理和污泥处置设施正常运营并合理盈利。对中西部地区，中央财政给予适当支持。加强城市初期雨水收集处理设施建设，有效减少城市面源污染。到2020年，地级及以上城市建成区黑臭水体消除比例达90%以上。鼓励京津冀、长三角、珠三角区域城市建成区尽早全面消除黑臭水体。

（三）打好长江保护修复攻坚战。开展长江流域生态隐患和环境风险调查评估，划定高风险区域，从严实施生态环境风险防控措施。优化长江经济带产业布局和规模，严禁污染型产业、企业向上中游地区转移。排查整治入河入湖排污口及不达标水体，市、县级政府制定实施不达标水体限期达标规划。到2020年，长江流域基本消除劣Ⅴ类水体。强化船舶和港口污染防治，现有船舶到2020年全部完成达标改造，港口、船舶修造厂环卫设施、污水处理设施纳入城市设施建设规划。加强沿河环湖生态保护，修复湿地等水生态系统，因地制宜建设人工湿地水质净化工程。实施长江流域上中游水库群联合调度，保障干流、主要支流和湖泊基本生态用水。

（四）打好渤海综合治理攻坚战。以渤海海区的渤海湾、辽东湾、莱州湾、辽河口、黄河口等为重点，推动河口海湾综合整治。全面整治入海污染源，规范入海排污口设置，全部清理非法排污口。严格控制海水养殖等造成的海上污染，推进海洋垃圾防治和清理。率先在渤海实施主要污染物排海总量控制制度，强化陆海污染联防联控，加强入海河流治理与监管。实施最严格的围填海和岸线开发管控，统筹安排海洋空间利用活动。渤海禁止审批新增围填海项目，引导符合国家产业政策的项目消化存量围填海资源，已审批但未开工的项目要依法重新进行评估和清理。

（五）打好农业农村污染治理攻坚战。以建设美丽宜居村庄为导向，持续开展农村人居环境整治行动，实现全国行政村环境整治全覆盖。到2020年，农村人居环境明显改善，村庄环境基本干净整洁有序，东部地区、中西部城市近郊区等有基础、有条件的地区人居环境质量全面提升，管护长效机制初步建立；中西部有较好基础、基本具备条件的地区力争实现90%左右的村庄生活垃圾得到治理，卫生厕所普及率达到85%左右，生活污水乱排乱放得到管控。减少化肥农药使用量，制修订并严格执行化肥农药等农业投入品质量标准，严格控制高毒高风险农药使用，推进有机肥替代化肥、病虫害绿色防控替代化学防治和废弃农膜回收，完善废旧地膜和包装废弃物等回收处理制度。到2020年，化肥农药使用量实现零增长。坚持种植和养殖相结合，就地就近消纳利用畜禽养殖废弃物。合理布局水产养殖空间，深入推进水产健康养殖，开展重点江河湖库及重点近岸海域破坏生态环境的养殖方式综合整治。到2020年，全国畜禽粪污综合利用率达到75%以上，规模养殖场粪污处理设施装备配套率达到95%以上。

吻合度分析：《意见》中提出的污水处理设施建设与改造、管网建设与改造、污水处理收费、污泥处置率等，均在三级指标体系中得到体现。即根据实施意见，要全面推进城镇污水处理设施建设与改造，特别是城中村、老旧城区和城乡接合部，尽快实现管网全覆盖，大幅提升城镇污水收集处理能力；对新建城区，管网和污水处理设施要与城市发展同步规划、同步建设，做到雨污分流；针对污染负荷较重，水环境质量不能稳定达标的重点流域地区，要尽快完成现有城镇污水处理设施的提标改造工作。完善污水处理收费政策，按规定将污水处理收费标准尽快调整到位，原则上应补偿到污水处理和污泥处置设施正常运营并合理盈利。

二、住房和城乡建设部 生态环境部　发展和改革委员会《城镇污水处理提质增效三年行动方案（2019—2021年）》(建城〔2019〕52号)

为全面贯彻落实全国生态环境保护大会、中央经济工作会议精神和《政府工作报告》部署要求，加快补齐城镇污水收集和处理设施短板，尽快实现污水管网全覆盖、全收集、全处理，住房和城乡建设部、生态环境部、发展和改革委员会三部门联合印发了《城镇污水处理提质增效三年行动方案（2019－2021年）》（以下简称《三年行动方案》），方案要求城市建设要科学确定生活污水收集处理设施总体规模和布局，生活污水收集和处理能力要与服务片区人口、经济社会发展、水环境质量改善要求相匹配。

《三年行动方案》中的污水与排水相关重点内容主要包括：

(一) 推进生活污水收集处理设施改造和建设

1. 建立污水管网排查和周期性检测制度。按照设施权属及运行维护职责分工，全面排查污水管网等设施功能状况、错接混接等基本情况及用户接入情况。依法建立市政排水管网地理信息系统（GIS），实现管网信息化、账册化管理。落实排水管网周期性检测评估制度，建立和完善基于GIS系统的动态更新机制，逐步建立以5～10年为一个排查周期的长效机制和费用保障机制。对于排查发现的市政无主污水管段或设施，稳步推进确权和权属移交工作。居民小区、公共建筑及企事业单位内部等非市政污水管网排查工作，由设施权属单位或物业代管单位及有关主管部门建立排查机制，逐步完成建筑用地红线内管网混接错接排查与改造。

2. 加快推进生活污水收集处理设施改造和建设。城市建设要科学确定生活污水收集处理设施总体规模和布局，生活污水收集和处理能力要与服务片区人口、经济社会发展、水环境质量改善要求相匹配。新区污水管网规划建设应当与城市开发同步推进，除干旱地区外均实行雨污分流。明确城中村、老旧城区、城乡接合部污水管网建设路由、用地和处理设施建设规模，加快设施建设，消除管网空白区。对人口密度过大的区域、城中村等，要严格控制人口和企事业单位入驻，避免因排水量激增导致现有污水收集处理设施超负荷。实施管网混接错接改造、管网更新、破损修复改造等工程，实施清污分流，全面提升现有设施效能。城市污水处理厂进水生化需氧量（BOD）浓度低于100 mg/L的，要围绕服务片区管网制定“一厂一策”系统化整治方案，明确整治目标和措施。推进污泥处理处置及污水再生利用设施建设。人口少、相对分散或市政管网未覆盖的地区，因地制宜建设分散污水处理设施。（住房和城乡建设部牵头，发展改革委、生态环境部等部门参与）

3. 健全管网建设质量管控机制。加强管材市场监管，严厉打击假冒伪劣管材产品；各级工程质量监督机构要加强排水设施工程质量监督；工程设计、建设单位应严格执行相关标准规范，确保工程质量；严格排水管道养护、检测与修复质量管理。按照质量终身责任追究要求，强化设计、施工、监理等行业信用体系建设，推行建筑市场主体黑名单制度。（住房和城乡建设部、市场监管总局按照职责分工负责）

（二）健全排水管理长效机制，主要包括：

1. 健全污水接入服务和管理制度。建立健全生活污水应接尽接制度。市政污水管网覆盖范围内的生活污水应当依法规范接入管网，严禁雨污混接错接；严禁小区或单位内部雨污混接或错接到市政排水管网，严禁污水直排。新建居民小区或公共建筑排水未规范接入市政排水管网的，不得交付使用；市政污水管网未覆盖的，应当依法建设污水处理设施达标排放。建立健全“小散乱”规范管理制度。整治沿街经营性单位和个体工商户污水乱排直排，结合市场整顿和经营许可、卫生许可管理建立联合执法监督机制，督促整改。建立健全市政管网私搭乱接溯源执法制度。严禁在市政排水管网上私搭乱接，杜绝工业企业通过雨水口、雨水管网违法排污，地方各级人民政府排水（城管）、生态环境部门要会同相关部门强化溯源追查和执法，建立常态化工作机制。

2. 规范工业企业排水管理。经济技术开发区、高新技术产业开发区、出口加工区等工业集聚区应当按规定建设污水集中处理设施。地方各级人民政府或工业园区管理机构要组织对进入市政污水收集设施的工业企业进行排查，地方各级人民政府应当组织有关部门和单位开展评估，经评估认定污染物不能被城镇污水处理厂有效处理或可能影响城镇污水处理厂出水稳定达标的，要限期退出；经评估可继续接入污水管网的，工业企业应当依法取得排污许可。工业企业排污许可内容、污水接入市政管网的位置、排水方式、主要排放污染物类型等信息应当向社会公示，接受公众、污水处理厂运行维护单位和相关部门监督。各地要建立完善生态环境、排水（城管）等部门执法联动机制，加强对接入市政管网的工业企业以及餐饮、洗车等生产经营性单位的监管，依法处罚超排、偷排等违法行为。

3. 完善河湖水位与市政排口协调制度。合理控制河湖水体水位，妥善处理河湖水位与市政排水的关系，防止河湖水倒灌进入市政排水系统。施工降水或基坑排水排入市政管网的，应纳入污水排入排水管网许可管理，明确排水接口位置和去向，避免排入城镇污水处理厂（水利部、住房和城乡建设部按职责分工负责）。

4. 健全管网专业运行维护管理机制。排水管网运行维护主体要严格按照相关标准定额实施运行维护，根据管网特点、规模、服务范围等因素确定人员配置和资金保障。积极推行污水处理厂、管网与河湖水体联动“厂—网—河（湖）”一体化、专业化运行维护，保障污水收集处理设施的系统性和完整性。鼓励居住小区将内部管网养护工作委托市政排水管网运行维护单位实施，配套建立责权明晰的工作制度，建立政府和居民共担的费用保障机制。加强设施建设和运营过程中的安全监督管理。

（三）完善激励支持政策，主要包括：

1. 加大资金投入，多渠道筹措资金。加大财政投入力度，已安排的污水管网建设资金要与三年行动相衔接，确保资金投入与三年行动任务相匹配。鼓励金融机构依法依规为污水处理提质增效项目提供融资支持。研究探索规范项目收益权、特许经营权等质押融资担保。营造良好市场环境，吸引社会资本参与设施投资、建设和运营。

2. 完善污水处理收费政策，建立动态调整机制。地方各级人民政府要尽快将污水处理费收费标准调整到位，原则上应当补偿污水处理和污泥处理处置设施正常运营成本并合理盈利；要提升自备水污水处理费征缴率。统筹使用污水处理费与财政补贴资金，通过政府购买服务方式向提供服务单位支付服务费，充分保障管网等收集设施运行维护资金。

3. 完善生活污水收集处理设施建设工程保障。城中村、老旧城区、城乡接合部生活污水收集处理设施建设涉及拆迁、征收和违章建筑拆除的，要妥善做好相关工作。结合工程建设项目行政审批制度改革，优化生活污水收集处理设施建设项目审批流程，精简审批环节，完善审批体系，压减审批时间，主动服务，严格实行限时办结。

4. 鼓励公众参与，发挥社会监督作用。借助网站、新媒体、微信公众号等平台，为公众参与创造条件，保障公众知情权。加大宣传力度，引导公众自觉维护雨水、污水管网等设施，不向水体、雨水口排污，不私搭乱接管网，鼓励公众监督治理成效、发现和反馈问题。鼓励城市污水处理厂向公众开放。

（四）强化责任落实，主要包括：

1. 加强组织领导。城市人民政府对污水处理提质增效工作负总责，完善组织领导机制，充分发挥河长、湖长作用，切实强化责任落实。各省、自治区、直辖市人民政府要按照本方案要求，因地制宜确定本地区各城市生活污水集中收集率、污水处理厂进水生化需氧量（BOD）浓度等工作目标，稳步推进县城污水处理提质增效工作。要根据三年行动目标要求，形成建设和改造等工作任务清单，优化和完善体制机制，落实各项保障措施和安全防范措施，确保城镇污水处理提质增效工作有序推进，三年行动取得实效。各省、自治区、直辖市人民政府要将本地区三年行动细化的工作目标于 2019 年 5 月底前向社会公布并报住房和城乡建设部、生态环境部、国家发展和改革委员会备案。

2. 强化督促指导。省级住房和城乡建设、生态环境、发展和改革部门要通过组织专题培训、典型示范等方式，加强对本行政区域城镇污水处理提质增效三年行动实施指导。自2020年起，各省、自治区、直辖市要于每年2月底前向住房和城乡建设部、生态环境部、国家发展和改革委员会报送上年度城镇污水处理提质增效三年行动实施进展情况。

吻合度分析：《三年行动方案》，明确的提出加快补齐城镇污水收集和处理设施短板，尽快实现污水管网全覆盖、全收集、全处理的全流程总体要求，为我国城镇污水处理行业提质增效工作指明了方向。《三年行动方案》中的目标要求与三级监管指标体系和监测网络具有极高的吻合度。

首先，《三年行动方案》中提出行业监管由“污水处理”转向“污水收集”。城镇污水处理率是一个重要的行业监管指标，对快速推进城镇污水处理工程建设，在特定的时期实现污水处理设施全面普及发挥了重要作用。截至2018年，我国75％以上的设市城市污水处理率超过90％，40％以上超过95％，部分城镇的污水处理量甚至远远超过供水量，表明我国大部分城镇污水处理设施能力可以满足居民生活污水处理需求。但由于城镇污水和排水设施和建设等问题，污水处理厂收集的污水渗入了地表水、地下水、山溪水、施工降水等，污水处理量这个指标已经难以满足行业质量管控和效能评价的需求。

在《三年行动方案》中首次提出的“生活污水集中收集率”指标，即城市污染物收集总量与污染物产生总量之比，更好地反映了城镇污水的收集普及水平和管网的转输能力。统计结果表明，虽然很多设市城市的“污水处理率”处于较高水平，但“生活污水集中收集率”指标多处于相对较低水平，也就是说污水处理厂虽然处理了很多“污水”，但“污染物”的处理水平并不高，“污染物”外排环境水体的问题仍普遍存在。因此，城镇污水处理行业需要由“规模增长”向“质量提升”“效益提升”转变，全面提升城镇污水管网的运行性能是城镇污水处理提质增效的核心和关键。

同时文件中也指出，管网考评应由“工程建设”转向“建管运维”，也就是三级指标体系中对污水管网的监督管理，从而涵盖污水处理的全流程；管网建设由“全面建设”转向“补齐短板”，确保污水的全收集全处理。

三、《国务院关于加快建立健全绿色低碳循环发展经济体系的指导意见》（国发〔2021〕4号）

为建立健全绿色低碳循环发展经济体系，促进经济社会发展全面绿色转型，贯彻落实党的十九大部署，加快建立健全绿色低碳循环发展的经济体系，解决我国资源环境生态问题，2021年2月国务院发布了《关于加快建立健全绿色低碳循环发展经济体系的指导意见》（以下简称《指导意见》），《指导意见》中“五、加快基础设施绿色升级”内容中有关城镇污水处理的意见包括：

（十六）推进城镇环境基础设施建设升级。推进城镇污水管网全覆盖。推动城镇生活污水收集处理设施“厂网一体化”，加快建设污泥无害化资源化处置设施，因地制宜布局污水资源化利用设施，基本消除城市黑臭水体。加快城镇生活垃圾处理设施建设，推进生活垃圾焚烧发电，减少生活垃圾填埋处理。加强危险废物集中处置能力建设，提升信息化、智能化监管水平，严格执行经营许可管理制度。提升医疗废物应急处理能力。做好餐厨垃圾资源化利用和无害化处理。在沿海缺水城市推动大型海水淡化设施建设。

“七、完善法律法规政策体系”中有关城镇污水处理的意见包括：

（二十二）健全绿色收费价格机制。完善污水处理收费政策，按照覆盖污水处理设施运营和污泥处理处置成本并合理盈利的原则，合理制定污水处理收费标准，健全标准动态调整机制。按照产生者付费原则，建立健全生活垃圾处理收费制度，各地区可根据本地实际情况，实行分类计价、计量收费等差别化管理。完善节能环保电价政策，推进农业水价综合改革，继续落实好居民阶梯电价、气价、水价制度。

（二十六）培育绿色交易市场机制。进一步健全排污权、用能权、用水权、碳排放权等交易机制，降低交易成本，提高运转效率。加快建立初始分配、有偿使用、市场交易、纠纷解决、配套服务等制度，做好绿色权属交易与相关目标指标的对接协调。

吻合度分析：《指导意见》在基础设施建设上重点提出了污水的收集、污泥的无害化处置、污水处理收费机制、排污权等，明确了绿色建设的重要要求，使发展建立在高效利用资源，严格保护生态环境的基础上，以推动我国绿色发展买上新的台阶。结合第三章构建的三级指标体系，涵盖了《指导意见》中的从污水收集到污泥处置的流程，同时也针对目前排污权和污水处理收费问题，进行了顶层的部署和设计。

四、《中华人民共和国国民经济和社会发展第十四个五年规划和2035年远景目标纲要》（2021年3月）

“十四五”时期是我国全面建成小康社会、实现第一个百年奋斗目标之后，乘势而上开启全面建设社会主义现代化国家新征程、向第二个百年奋斗目标进军的第一个五年。《中华人民共和国国民经济和社会发展第十四个五年规划和2035年远景目标纲要》（以下简称《“十四五”规划》）中涉及城镇污水相关的内容有：

“第三十一章　深入实施区域重大战略”“第五节　扎实推进黄河流域生态保护和高质量发展”：加大上游重点生态系统保护和修复力度，筑牢三江源“中华水塔”，提升甘南、若尔盖等区域水源涵养能力。创新中游黄土高原水土流失治理模式，积极开展小流域综合治理、旱作梯田和淤地坝建设。推动下游二级悬河治理和滩区综合治理，加强黄河三角洲湿地保护和修复。开展汾渭平原、河套灌区等农业面源污染治理，清理整顿黄河岸线内工业企业，加强沿黄河城镇污水处理设施及配套管网建设。实施深度节水控水行动，降低水资源开发利用强度。合理控制煤炭开发强度，推进能源资源一体化开发利用，加强矿山生态修复。优化中心城市和城市群发展格局，统筹沿黄河县城和乡村建设。实施黄河文化遗产系统保护工程，打造具有国际影响力的黄河文化旅游带。建设黄河流域生态保护和高质量发展先行区。

"第十一篇　推动绿色发展，促进人与自然和谐共生""第三十八章　持续改善环境质量"中关于推进城镇污水处理相关表述包括：

"第二节　全面提升环境基础设施水平"：构建集污水、垃圾、固废、危废、医废处理处置设施和监测监管能力于一体的环境基础设施体系，形成由城市向建制镇和乡村延伸覆盖的环境基础设施网络。推进城镇污水管网全覆盖，开展污水处理差别化精准提标，推广污泥集中焚烧无害化处理，城市污泥无害化处置率达到 90%，地级及以上缺水城市污水资源化利用率超过 25%。建设分类投放、分类收集、分类运输、分类处理的生活垃圾处理系统。以主要产业基地为重点布局危险废弃物集中利用处置设施。加快建设地级及以上城市医疗废弃物集中处理设施，健全县域医疗废弃物收集转运处置体系。

"第五节　健全现代环境治理体系"：建立地上地下、陆海统筹的生态环境治理制度。全面实行排污许可制，实现所有固定污染源排污许可证核发，推动工业污染源限期达标排放，推进排污权、用能权、用水权、碳排放权市场化交易。完善环境保护、节能减排约束性指标管理。完善河湖管理保护机制，强化河长制、湖长制。加强领导干部自然资源资产离任审计。完善中央生态环境保护督察制度。完善省以下生态环境机构监测监察执法垂直管理制度，推进生态环境保护综合执法改革，完善生态环境公益诉讼制度。加大环保信息公开力度，加强企业环境治理责任制度建设，完善公众监督和举报反馈机制，引导社会组织和公众共同参与环境治理。

"第三十九章　加快发展方式绿色转型"中的有关论述如下：

"第一节　全面提高资源利用效率"：坚持节能优先方针，深化工业、建筑、交通等领域和公共机构节能，推动 5G、大数据中心等新兴领域能效提升，强化重点用能单位节能管理，实施能量系统优化、节能技术改造等重点工程，加快能耗限额、产品设备能效强制性国家标准制修订。实施国家节水行动，建立水资源刚性约束制度，强化农业节水增效、工业节水减排和城镇节水降损，鼓励再生水利用，单位 GDP 用水量下降 16%左右。加强土地节约集约利用，加大批而未供和闲置土地处置力度，盘活城镇低效用地，支持工矿废弃土地恢复利用，完善土地复合利用、立体开发支持政策，新增建设用地规模控制在 2950 万亩以内，推动单位 GDP 建设用地使用面积稳步下降。提高矿产资源开发保护水平，发展绿色矿业，建设绿色矿山。

"第四节　构建绿色发展政策体系"：强化绿色发展的法律和政策保障。实施有利于节能环保和资源综合利用的税收政策。大力发展绿色金融。健全自然资源有偿使用制度，创新完善自然资源、污水垃圾处理、用水用能等领域价格形成机制。推进固定资产投资项目节能审查、节能监察、重点用能单位管理制度改革。完善能效、水效"领跑者"制度。强化高耗水行业用水定额管理。深化生态文明试验区建设。深入推进国家资源型经济转型综合配套改革试验区建设和能源革命综合改革试点。

吻合度分析：从《"十四五"规划》的具体内容看，其中涉及城镇污水处理相关内容密度点聚焦城乡污水处理设施建设的短板，以及治污系统设施的运行管理体系。首先强化了生活污水的收集处理，包括排水管网的建设和改造，强化雨污分流管控，避免污水直排，同时实施城市污水处理厂的提标改造。鼓励污泥的无害化处置，鼓励再生水利用，推动排污许可证的核发，完善污水收费机制，同时，也强调了信息化的管控能力建设，要求强化在线监测以及手工监测抽查监管方式，确保污水处理设施排水达标；完善监管工作体系，形成全责清晰、监控到位、管理规范的监管工作体系。书中构建的三级指标体系以及监测网络建设整体与规划内容相符，从污水的收集、处理，到污泥的处理处置，到再生水的利用，以及监督管理，同时也包含了涉及经济投资的管网建设中，将《"十四五"规划》中的具体要求落实到了更加具体的指标中。

第二节　中国城镇排水与污水处理行业监管指标体系的应用

一、中国排水与污水处理行业发展面临的新问题

当前，随着城市、县城污水处理设施的基本普及，全国约50%的人口享受着污水处理公共服务。然而，伴随污水处理的飞速发展，一些新问题也逐步暴露出来，其中最重要的问题之一就是单位污水处理量的污染物削减效能有所降低。

自2007年到2016年，十年间城镇污水处理的规模由0.77亿m^3/d增长到1.77亿m^3/d，增长了130%，污水处理量由178亿t/年增长到542亿t/年，增长了204%，全年主要污染物减排量（以化学需氧量COD计）由523万t增长到1300万t，增长了148%，COD的减排量增幅滞后于污水处理量的增幅，说明单位污水处理规模的处理效能在下降（图5-1）；从十年间的污水处理厂进水COD浓度变化更能看出这一趋势（图5-2），从2007年的351mg/L下降到目前的266mg/L，降幅达24%。

污水处理厂进水COD浓度降低主要有几个原因，一是污水处理厂的快速发展，管网系统仍普遍用原有的合流制管网甚至雨水管网，这些管网许多建设于

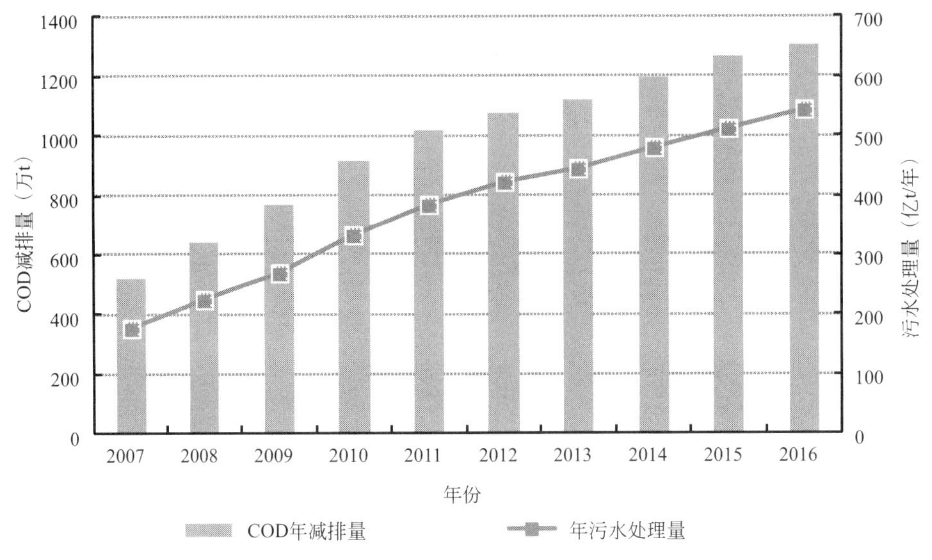

图 5-1　全国城镇污水处理量和 COD 减排量趋势图

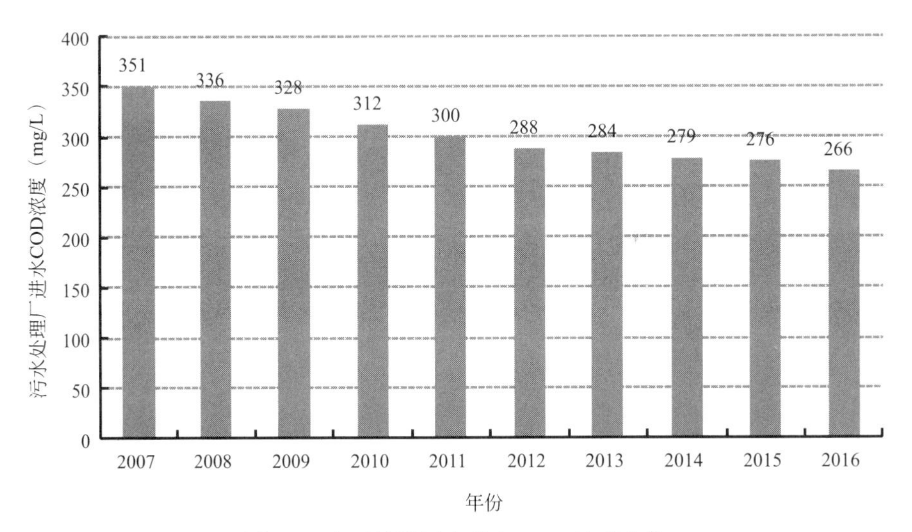

图 5-2　全国城镇污水进水 COD 浓度变化

20 世纪，甚至还有二三十年前建设的暗渠、排水沟等，年久失修现象不同程度存在，管网破损、渗漏、错接、混接现象突出，雨水、地下水渗入，甚至还存在河水倒灌现象，导致污水收集的范围越大、污水处理厂收集到的污水越“稀”；二是随着经济发展和产业结构调整，工业废水进入城镇污水处理厂的比例减少，体现在 BOD/COD 的比值从 2007 到 2011 年略有增高（图 5-3），之后基本稳定在 0.42 左右，说明污水的可生化性趋好向稳，接近生活污水的可生化性。

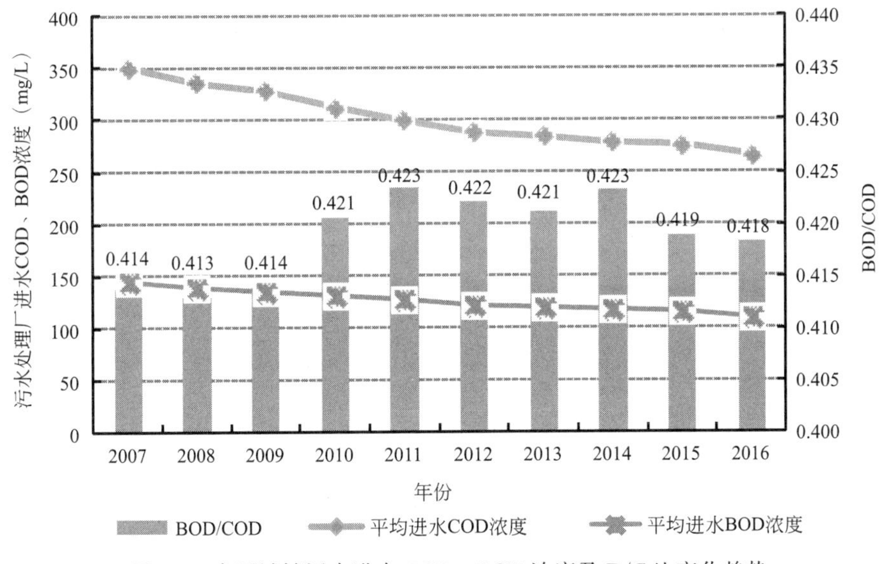

图 5-3　全国城镇污水进水 COD、BOD 浓度及 B/C 比变化趋势

二、《城镇污水处理工作考核暂行办法》演变历程

2010 年，为贯彻《国务院关于印发节能减排综合性工作方案的通知》要求，推进城镇减排工作，住房和城乡建设部制定印发了《城镇污水处理工作考核暂行办法》（以下简称《办法》），明确考核评分细则，并从 2010 年一季度开始，依据《办法》住房和城乡建设部每季度对 31 个省（区、市）和 36 个重点城市进行城镇污水处理建设运行情况考核并通报，同时抄送国家发展和改革委员会、财政部、生态环境部、审计署及各省（区、市）人民政府，供有关部门安排建设资金和环保工作考核参考。《办法》实施以来，对于督导各地加快城镇污水处理设施建设，提高城镇污水处理水平发挥了重要作用。至 2016 年，全国所有设市城市和 94.4 %县城建有城镇污水处理设施，城镇污水处理能力达到 1.73 亿 m^3/d，年处理污水量 542.4 亿 m^3，COD 削减量 1300.7 万 t，比 2009 年分别增加了 63.8%、94.0%和 68.2%。

2013 年以来，国务院先后印发了《城镇排水与污水处理条例》《关于加强城市基础设施建设的意见》《水污染防治行动计划》等法规政策，对城镇污水处理提出更高要求，工作的重心也逐步由增量向量质并举转变。国务院领导在新华社《国内动态清样》（第 1319 期）“算好‘经济账’推进污水治理提质增效”上也做了重要批示。

原《办法》侧重点主要在加快推进污水处理厂和配套管网设施建设方面，设立了污水处理设施覆盖率、污水处理厂运行负荷率等指标，有力地推动了污水处理设施的建设。尽管污水处理设施建设有了长足进步，但雨污混流、管网渗漏、地下水入渗、河水倒灌等，导致污水处理厂进水浓度偏低、污水处理率虚高现象非常严重，同时重水轻泥的问题也较普遍。因此《办法》已不能适应当前工作需求。为落实国务院领导的批示要求，适应新形势发展的需要，必须对《办法》进行修订，因此在迫切需要开展城镇污水处理监管指标的研究。

三、支撑《办法》的修订，服务新时期的污水处理行业

2015年，水污染控制与治理科技重大专项《城镇排水与污水处理系统污染物核算及高效监管技术体系研究与示范》项目启动，并设立专门一个子课题《城镇排水与污水处理行业监管指标体系构建及验证研究》开展污水监管指标体系的研究，也是本书出版的基础，2017年相关指标体系初步建立。课题的研究成果为2017年7月住房和城乡建设部修订颁布《城镇污水处理工作考核办法》（以下简称《考核办法》）提供了技术支持。新的《考核办法》大幅调整了原考核办法的内容，体现了很强的针对性。在百分制中，污水处理效能、主要污染物削减效率、污泥处置3项技术内容占75分，监督管理和进步鼓励2项管理分数占25分。修订后的《考核办法》对我国城镇污水处理行业发展的路径、趋势具有很强的现实意义和指导作用。在具体监管指标和管理修订方面主要有以下几个特点：

1. 考虑地区的差异性

污水处理厂进水浓度主要受管网质量和地下水位影响，而地下水位的高低与当地降雨情况密切相关，且南北降雨差异较大，而以往考核过程中没有考虑这个因素。为此，按照我国的降雨量分布情况，在修订考核指标时，考虑按照降雨量400mm以下、400～800mm、800～1500mm、1500mm以上4个降雨带进行分区考核。各分区的考核基准不同，各地方按照各自所在降雨分区内进行考核。

2. 淡化污水处理率的影响

污水处理效能分为污水处理率和污染物削减效能两个部分，其中，污水处理率是指污水处理量和污水排放量的比值，其中，污水排放量是依据城镇供水总量折算而来。作为一段时期以来反映城镇污水处理水平的核心指标，污水处理率曾经发挥重大作用，并写入了国家众多政策性文件和相关规划当中。但随着污水处理进入新的阶段，污水处理率已经面临着计算方法失真、统计方法误差增大等问题，对解决当前的新矛盾、新问题的指导作用减弱。因此，修订后《考核办法》虽然保留了污水处理率指标，但权重明显弱化，一方面，有利于保持国家相关政策的延续性，便于为各方接受；另一方面，在当前没有更好指标替代的前提下，仍具有一定的作用，特别是对于污水处理发展水平还相对落后的西部地区、中小城镇。

3. 突出污染物收集效能

这一指标是针对污水处理厂进水污染物浓度下降而设计的，虽然指标考察的是污水处理厂进水的主要污染物浓度，但实质是为了反映一个区域的污水收集效能，间接反映出污水收集管网的质量和服务水平。同时，为了避免高浓度工业废

水进水城镇污水管网造成的负面影响，该指标涵盖了COD、BOD、氨氮、总氮、总磷5项指标，并赋予不同权重，尽可能减少由于工业废水排放引起的“虚高”。这就倒逼着各地，不能以放松对工业废水的监管、盲目追求污水处理厂“提标”等方式提高得分，而必须将目光放在提升管网质量、提高污水处理厂进水污染物浓度、降低管网漏损等工作上来。

4. 进一步强化污水处理厂处理效率

将以往对污水处理厂负荷率的考核，调整为对污水处理厂污染物去除效率的考核。当前，城镇污水处理厂总体上已经消除“晒太阳”现象，部分地区甚至出现超负荷运转现象，给污水处理厂正常运行维护都造成了不利影响。因此，设置负荷率的要求已经不适应当前实际，也不能适应未来初期雨水污染治理的要求。考核办法设置污染物去除效率指标，有利于鼓励污水处理厂提升服务质量，对COD、氨氮、总氮、总磷的工艺去除率进行了考核，其中，COD去除效率须达到90%以上、氨氮去除率须达到95%以上、总氮去除率须达到60%以上、总磷去除率须达到80%以上，方能得到高分，这就产生了两方面的引导作用：一方面，鼓励各地通过完善管网提升进水浓度；另一方面，鼓励各地进一步提高处理水平、降低处理后尾水污染物浓度。

5. 加大污泥处置的考核

根据不同的处置方式设置了权重，其中对采用资源化利用的量（包括土地利用、建材利用）给予了最高权重，对焚烧采用0.9、卫生填埋采用0.7、应急处置采用0.3的权重，体现了国家的政策引导意图，即污泥处置应朝着无害化、资源化、绿色低碳的技术路线发展，作为无害化的处置方式可采用焚烧和卫生填埋，这和我国污泥处置的技术政策也是一致的，这些政策导向将进一步带动污泥处置与资源化利用的进步。

6. 鼓励项的设置

考虑各地工作基础差异性，为鼓励全国各地积极进取，对考核对象进行纵、横两个维度比较，设置了进步鼓励和排名鼓励，纵向是自我对比，横向是相互对比。对城镇污水处理效能、主要污染物削减效率、污泥处置、监督管理等四方面考核指标进行测评，与上年同期测评结果进行对比，分别根据自身进步、区域排名和全国排名的变化情况予以鼓励。

综上所述，新的《考核办法》以问题为导向，将旧《办法》的考核侧重点转向以提高污水处理设施的效能为核心，取消了污水处理设施覆盖率、污水处理厂运行负荷率等设施建设的有关指标，增补了污染物收集效能、污染物削减效率（氨氮、总氮、总磷）、污泥处置等反映污水处理设施效能的有关指标以及鼓励项。修改后的《考核办法》中的考核指标涉及5方面12项指标。《城镇污水处理工作考核办法》评分细则新老办法对照如表5-1所示。

《城镇污水处理工作考核办法》评分细则新老办法对照 **表 5-1**

序号	老办法	新办法	说明
1	(一)设施覆盖率(25 分) 设施覆盖率分值= $\frac{\left(\text{已建成投运污水处理厂的城市数}+\text{只有在建项目的城市数}\times 0.3\right)}{\text{城市总数}}\times 0.7+\frac{\left(\text{已建成投运污水处理厂的县城数}+\text{只有在建项目的县城数}\times 0.3\right)}{\text{县城总数}}\times 0.3$	取消	鉴于 99.9%的城市和 94.4%的县城已建成污水处理设施，其余 158 个县城多位于藏区高原，其污水处理技术路线不同于城市污水处理，不宜按同一指标体系进行考核
2	(二)城镇污水处理率(20 分) 城镇污水处理率分值= $\frac{\text{城镇污水处理厂污水处理量}+\text{其他设施污水处理量}}{\text{污水排放总量}}\times 20$	修改为： (一)城镇污水处理效能(30 分) 1. 污水处理(15 分) 城镇污水处理得分$=\frac{Q_1+Q_2}{Q}\times 15$ 其中： Q_1—指统计区域内城镇污水厂处理总量； Q_2—指统计区域内其他设施污水处理量，按《中国城市建设统计年鉴》统计数据的 80%进行计算； Q—指上一年度同期城镇污水排放总量，按《中国城市建设统计年鉴》统计数据计算	1. 分值调整为 15 分； 2. 原办法中计算处理量考虑了“其他设施污水处理量”，由于该统计方法依赖于《中国城市建设统计年鉴》且存在较大统计误差，对计算公式进行调整
3	无	新增项 1： 2. 污染物收集效能(15 分) 污染物收集效能得分= $(A\times 0.2+B\times 0.5+C\times 0.1+D\times 0.1+E\times 0.1)\times 15$ 其中： A—化学需氧量(COD)收集率= $\frac{\sum(\text{某城镇污水处理厂进水 COD 浓度}\times\text{该厂的污水处理量})}{\sum(\text{某城镇人均 COD 排放基准浓度}\times\text{该城镇污水处理总量})}$； B—生化需氧量(BOD)收集率= $\frac{\sum(\text{某城镇污水处理厂进水 BOD 浓度}\times\text{该厂的污水处理量})}{\sum(\text{某城镇人均 BOD 排放基准浓度}\times\text{该城镇污水处理总量})}$；	通过城镇污水处理厂进水浓度，重点考察城镇污水管网收集效率

续表

序号	老办法	新办法	说明
3		C—总氮(TN)收集率＝ $\frac{\sum(\text{某城镇污水处理厂进水 TN 浓度}\times\text{该厂的污水处理量})}{\sum(\text{某城镇人均 TN 排放基准浓度}\times\text{该城镇污水处理总量})}$； D—总磷(TP)收集率＝ $\frac{\sum(\text{某城镇污水处理厂进水 TP 浓度}\times\text{该厂的污水处理量})}{\sum(\text{某城镇人均 TP 排放基准浓度}\times\text{该城镇污水处理总量})}$； E—氨氮($NH_3$-N)收集率＝ $\frac{\sum(\text{某城镇污水处理厂进水}NH_3\text{-N 浓度}\times\text{该厂的污水处理量})}{\sum(\text{某城镇人均}NH_3\text{-N 排放基准浓度}\times\text{该城镇污水处理总量})}$。 城镇人均污染物排放基准浓度，数据源自国家污染源普查结果。 A、B、C、D、E 值大于 1 时，按 1 计	
4	(三)处理设施利用效率(20 分) 处理设施利用效率分值按不同运行负荷率对应的实际处理水量加权计算。计算式如下： 处理设施利用效率分值＝ $\frac{A+B\times0.9+C\times0.8+D\times0.6+E\times0.4+F\times0.2+G\times0}{A+B+C+D+E+F+G}\times20$ 其中： A—运行负荷率≥75%的项目实际处理量(万 m^3) B—70%≤运行负荷率＜75%的项目实际处理量(万 m^3) C—65%≤运行负荷率＜70%的项目实际处理量(万 m^3) D—60%≤运行负荷率＜65%的项目实际处理量(万 m^3) E—50%≤运行负荷率＜60%的项目实际处理量(万 m^3) F—30%≤运行负荷率＜50%的项目实际处理量(万 m^3) G—运行负荷率＜30%的项目实际处理量(万 m^3) 运行负荷率依据“全国城镇污水处理管理信息系统”数据	取消	该指标主要考核污水处理厂运行负荷率。当前，我国已到了提升污水处理效能、解决初期雨水污染的历史阶段，且过高的负荷率不利于安排污水处理运行维护、应急管理等要求，取消该项指标

续表

序号	老办法	新办法	说明
5	（四）主要污染物削减效率（20 分） 污染物削减效率分值按不同的污染物削减效率的削减总量加权计算。计算式如下： 主要污染物削减效率分值＝ $\frac{A+B\times0.9+C\times0.8+D\times0.6+E\times0.4+F\times0.2+G\times0}{A+B+C+D+E+F+G}\times20$ A—COD 削减量≥300mg/L 的 COD 削减总量（t） B—250mg/L≤COD 削减量＜300mg/L 的 COD 削减总量（t） C—200mg/L≤COD 削减量＜250mg/L 的 COD 削减总量（t） D—150mg/L≤COD 削减量＜200mg/L 的 COD 削减总量（t） E—100mg/L≤COD 削减量＜150mg/L 的 COD 削减总量（t） F—50mg/L≤COD 削减量＜100mg/L 的 COD 削减总量（t） G—COD 削减量＜50mg/L 的 COD 削减总量（t）	修改为： （二）主要污染物削减效率（30 分） 依据“全国城镇污水处理管理信息系统”数据，污染物削减效率分值按不同的主要污染物削减效率的得分总和计算。计算式如下： 1. COD 削减效率（10 分）： COD 削减效率得分＝ $\frac{A+B\times0.9+C\times0.8+D\times0.5+E\times0.3+F\times0.1}{A+B+C+D+E+F}\times10$ 其中： A—指 COD 去除效率≥90%对应的污水处理总量； B—指 80%≤COD 去除效率＜90%对应的污水处理总量； C—指 75%≤COD 去除效率＜80%对应的污水处理总量； D—指 70%≤COD 去除效率＜75%对应的污水处理总量； E—指 50%≤COD 去除效率＜70%对应的污水处理总量； F—指 COD 去除效率＜50%对应的污水处理总量。 2. NH_3-N 削减效率（8 分）： NH_3-N 削减效率得分＝ $\frac{A+B\times0.9+C\times0.7+D\times0.6+E\times0.4+F\times0.2}{A+B+C+D+E+F}\times8$ 其中： A—指 NH_3-N 去除效率≥95%对应的污水处理总量； B—指 90%≤NH_3-N 去除效率＜95%对应的污水处理总量； C—指 85%≤NH_3-N 去除效率＜90%对应的污水处理总量； D—指 75%≤NH_3-N 去除效率＜85%对应的污水处理总量； E—指 65%≤NH_3-N 去除效率＜75%对应的污水处理总量； F—指 NH_3-N 去除效率＜65%对应的污水处理总量。	1. 通过污水处理厂主要污染物的去除效率，评价污水处理厂的运营管理水平。依据现行国家标准《室外排水设计规范》GB 50014 中的 COD、TN、TP 处理效率设置参数。 2. 该项考核指标可鼓励地方一方面完善系统、提升污水处理厂进水污染物浓度；一方面鼓励污水处理厂提高出水水质

续表

序号	老办法	新办法	说明
5		3. TN削减效率（6分） TN削减效率得分＝ $\frac{A+B\times 0.9+C\times 0.7+D\times 0.6+E\times 0.4+F\times 0.2}{A+B+C+D+E+F}\times 6$ 其中： A—指TN去除效率≥60%对应的污水处理总量； B—指50%≤TN去除效率＜60%对应的污水处理总量； C—指40%≤TN去除效率＜50%对应的污水处理总量； D—指30%≤TN去除效率＜40%对应的污水处理总量； E—指20%≤TN去除效率＜30%对应的污水处理总量； F—指TN去除效率＜20%对应的污水处理总量。 4. TP削减效率（6分） TP削减效率得分＝$\frac{A+B\times 0.9+C\times 0.6+D\times 0.4+E\times 0.2}{A+B+C+D+E}\times 6$ 其中： A—指TP去除效率≥80%对应的污水处理总量； B—指70%≤TP去除效率＜80%对应的污水处理总量； C—指60%≤TP去除效率＜70%对应的污水处理总量； D—指50%≤TP去除效率＜60%对应的污水处理总量； E—指TP去除效率＜50%对应的污水处理总量	
6		新增项2： （三）污泥处置（15分） 考核期内城镇污水处理厂污泥处理处置量依据“全国城镇污水处理管理信息系统”本年初至当期考核季的累计数据； 污泥处置得分＝$\frac{A+B\times 0.9+C\times 0.7+D\times 0.3+E\times 0}{A+B+C+D+E}\times 15$ 其中： A—指污泥资源化利用的量，包括土地利用、建材利用；	针对当前污泥处置严重滞后于城镇污水处理、二次污染隐患突出，设置本考核项，鼓励地方按照“无害化、资源化、绿色、节能、低碳”的技术路线推动污泥处置。鼓励污泥资源化利用

续表

序号	老办法	新办法	说明
6		B—指焚烧的量； C—指达到卫生填埋标准、并进行卫生填埋的量； D—指其他处置（含应急处置）方式的量； E—指不知去向的量	
7	（五）监督管理指标（15 分） 1. 数据上报管理分值（9 分） 数据上报管理分值＝在建项目分值＋运行项目分值 $在建项目分值=\frac{在建项目上报率-50\%}{50\%}\times 3$ （计算结果小于 0 时，按 0 计） $运行项目分值=\frac{运行项目上报率-80\%}{20\%}\times 6$ （计算结果小于 0 时，按 0 计）	修改为： （四）监督管理指标（20 分） 1. 数据上报管理（8 分） $在建项目得分=\frac{在建项目上报率-50\%}{50\%}\times 3$ （计算结果小于 0 时，按 0 计） $运行项目得分=\frac{运行项目上报率-90\%}{10\%}\times 5$ （计算结果小于 0 时，按 0 计）	调整分值分配。 增加监督管理部分的总分数，减少数据上报管理的分项分数
8	2. 水质化验管理分值（6 分） 水质化验管理分值计算公式如下： 水质化验管理分值＝COD 上报率×2＋BOD 上报率×1＋SS 上报率×1＋NH_3-N 上报率×1＋TN 上报率×0.5＋TP 上报率×0.5 其中，上报率依据“全国城镇污水处理管理信息系统”数据，取各指标项实报期数与应报期数之比。 3. 在专项检查、抽查中，发现上报数据存在弄虚作假现象的，每一项扣 3 分，直至将总分 15 分全部扣净。	2. 水质化验管理（12 分） 水质化验管理得分＝$A\times 2+B\times 2+C\times 2+D\times 2+E\times 2+F\times 2$ A—指 COD 水质化验上报率； B—指 BOD 水质化验上报率； C—指 SS 水质化验上报率； D—指 NH_3-N 水质化验上报率； E—指 TN 水质化验上报率； F—指 TP 水质化验上报率。 其中，上报率依据“全国城镇污水处理管理信息系统”数据，取各指标项实报期数与应报期数之比。 3. 在专项检查、抽查中，发现上报数据存在弄虚作假现象的，每一项扣 4 分，直至将总分 20 分全部扣净	增大 BOD、TN、TP 上报率的权重，以督促各地加大这些指标的化验力度

续表

序号	老办法	新办法	说明
9		新增项 3： (五)进步鼓励(5 分) 1. 总得分鼓励(1 分) 本省当期考核时，按(一)～(四)项得分之和与去年同期同口径相比，进步的得 1 分，相同的得 0.5 分，退步的不得分。 2. 区域排名鼓励(2 分) 各省在各自分区内进行考核排名，按(一)～(四)项得分之和的名次与去年同期同口径的排名相比，进步的得 2 分，相同的得 1 分，退步的不得分。 按《中国水资源公报》年降水量将 31 省(区、市)划分为 4 个区域，见表 5-2。 3. 全国排名鼓励(2 分) 各省在全国进行考核排名，按(一)～(四)项得分之和的名次与去年同期同口径的排名相比，进步的得 2 分，相同的得 1 分，退步的不得分	对横向和纵向有进步的地区给予鼓励。 横向上，得分提高的给予鼓励；纵向上，排名提升的也给予一定鼓励分

三级行业监管指标体系　　表 5-2

分类	指标名称	指标含义	计算公式	中国	单位
污水收集	城区总人口		城区人口＋暂住人口 备注：城区人口：指划定的城区(县城)范围的户籍人口数。按公安部门的统计为准填报。 暂住人口：指离开常住户口地的市区或乡、镇，到本地居住半年以上的人员。按市区、县和城区、县城分别统计，一般按公安部门的暂住人口统计为准填报	43503.66	万人

续表

分类	指标名称		指标含义	计算公式	中国	单位
污水收集	人均日污染物产生量		城市居住人口每人每日产生的污染物(以 BOD_5 计算)的量。 备注:非统计指标(按照 45g/(人・d)计算,全部统一标准,不分城市)。本课题提出检测方法,然后分区确定指标,目前只能统一来做,不需要填报			g/(人・d)
	进水污染物月均浓度	进水 COD 浓度	污水处理厂实际进水污染物月均值,包括 COD、BOD_5、TN、TP、氨氮等浓度	(每日进水浓度均值与每日处理水量乘积相加之和)/每日处理水量相加之和	45	mg/L
		进水 BOD_5 浓度				
		进水 TN 浓度				
		进水 TP 浓度				
		进水氨氮浓度				
	污水处理厂月污水处理量		指污水处理厂每月实际处理污水总量	每日处理水量相加之和	438208.25	万 m^3
	建成区面积		城市行政区内实际已成片开发建设、市政公用设施和公共设施基本具备的区域的面积		60312.45	km^2
	建成区道路长度		指城市建成区内道路(道路指有铺装的宽度 3.5m 以上的路,不包括人行道)总长度		391512.11	km
	建成区污水管道长度	分流制污水管道	建成区排水管道长度,指污水管道、合流制管道分别统计总长度,位于建筑红线外的市政管网长度		325211	km
		合流管道			103776	
	污水管网年运行维护综合费用		指城市建成区内运行维护管理污水管网所需费用总额	污水管网及其附属设施的运行、养护和维修的费用总支出	1562.36	万元

续表

分类	指标名称		指标含义	计算公式	中国	单位
污水处理	污水排放总量		指生活污水、工业废水的排放总量。 备注：污水排放总量指生活污水、工业废水的排放总量。 （1）可按每条管道、沟（渠）排放口的实际观测的日平均流量与报告期日历日数的乘积计算。 （2）有排水测量设备的，可按实际测量值计算； （3）如无观测值，也可按当地供水总量乘以污水排放系数确定		5546474	万 m^3
	污水处理总量		指污水处理厂和污水处理装置实际处理的污水量	污水处理厂处理总量＋污水处理装置处理总量 （备注：其中污水处理装置不包含黑臭水体治理、初期雨水处理的一体化装置）	17863	万 m^3/日
	污水厂出水月污染物浓度	出水 BOD_5 浓度	污水处理厂实际出水污染物月均值，包括 BOD_5、COD、氨氮、TN、TP 等浓度	（每日出水浓度均值与每日处理水量乘积相加之和）/每日处理水量相加之和		mg/L
		出水 COD 浓度				
		出水氨氮浓度				
		出水 TN 浓度				
		出水 TP 浓度				
	单位污水处理用电量		指污水处理厂用于处理单位体积的污水的用电总量			度/m^3

续表

分类	指标名称		指标含义	计算公式	中国	单位
污泥处置	污泥处置总量	总量	指污泥采用建材、焚烧、堆肥、卫生填埋等方式处置总量，以80%含水率的污泥量计			万t
		建材利用				
		土地利用				
		卫生填埋				
		焚烧				
		其他				
	污泥产生总量		指污水处理产生的污泥总量（含水率80%） 备注：污泥是指二沉池泥水分离并经过浓缩池浓缩后的湿污泥，对于经过加药、含水率有差别的，应进行修正	每日产生的污泥量相加之和	3904	万t
	污泥有机组分含量		指污泥中所含有机质（挥发性固体(VSS)）总量 备注：污泥有机质污水处理厂一般月检或者季检，建议以此加权计算统计时限内统计区域内的有机质总量。 其中污泥是指二沉池泥水分离并经过浓缩池浓缩后的湿污泥，对于经过加药、含水率有差别的，应进行修正		1102	万t

续表

分类	指标名称		指标含义	计算公式	中国	单位
再生利用	污水再生水利用量	总量				万 m^3
		城市杂用	用于城市绿化、冲厕、道路清扫、消防等杂用的再生水利用水量			
		工业利用	用于工业生产冷却的再生水量			
		景观环境	用于补充景观河道环境水源用水等的再生水利用量			
		绿地灌溉	用于城市绿化用水的再生水利用量			
		农业灌溉	用于农业灌溉的城市再生水利用量			
监督管理	生活污水处理实际收费标准			城市规定的污水处理收费标准		元/t
	生活污水处理最低收费标准		依据发改委财政规定，目前污水处理最低收费标准 0.95 元/t 备注：非统计指标（填写省里规定的最低标准，地方填报各自标准）			元/t
	生活污水处理费实际收入总额		城市生活污水处理费实际收入总额			万元
	生活污水处理费应收缴总额			生活用水供水总量与居民生活污水处理实际收费标准的乘积		万元
	污水管网运行维护人员数		指城市污水管网运行维护管理人员总数（含本单位和第三方公司总人数）			人
	已发排水许可证总数		备注：根据《城镇排水与污水处理条例》和《城镇污水排入排水管网许可管理办法》的规定，城镇排水设施覆盖范围内，从事工业、建筑、餐饮、医疗等活动的企业事业单位、个体工商户申请领取排水许可证的个数			个
	应发排水许可证排水户总数			当地排水部门确定的重点排水户总数（地方认定为准）		个
	污水管网实际维护长度					km
	污水管网计划维护长度					km

二级行业监管指标体系 表 5-3

分类	指标名称	指标解释	计算公式	中国	单位
污水收集	水污染物产生总量	指按照人均日生活污染物产生量核算污染物排放总量	城市城区总人口(城区人口+暂住人口)产生的水污染物总量=城区总人口×人均日水污染物产生量		t
	水污染物收集总量	指城市污水处理厂收集的污染物总量	污水处理厂进水污染物浓度×污水处理厂污水处理量		t
	建成区污水管网密度	指城市建成区污水管道分布的疏密程度	建成区污水管网长度/城市建成区面积 备注:污水管网长度=分流制污水管网长度+合流制管网长度	6.65	km/km^2
	单位污水管网综合运行维护费用	城市建成区内运行维护管理单位管网所需费用	运行维护污水管网总费用/建成区污水管网总长度 备注:污水管网长度=分流制污水管网长度+合流制管网长度		元/km
污水处理	BOD 消减率	指污水处理厂削减的 BOD_5 总量占进水 BOD_5 总量的比率	(进水 BOD_5 浓度－出水 BOD_5 浓度)×污水处理水量/进水 BOD_5 浓度×污水处理水量		%
	CODcr 削减率	指污水处理厂削减的 COD 总量占进水 COD 总量的比率	(进水 COD 浓度－出水 COD 浓度)×污水处理水量/进水 COD 浓度×污水处理水量		%
	NH_3-N 削减率	指水处理厂削减的 NH_3-N 总量占进水 NH_3-N 总量的比率	(进水 NH_3-N 浓度-出水 NH_3-N 浓度)×污水处理水量/进水 NH_3-N 浓度×污水处理水量		%
	TP 削减率	指污水处理厂削减的 TP 总量占进水 TP 总量的比率	(进水 TP 浓度－出水 TP 浓度)×污水处理水量/进水 TP 浓度×污水处理水量		%
	TN 削减率	指污水处理厂削减的 TN 总量占进水 TN 总量的比率	(进水 TN 浓度－出水 TN 浓度)×污水处理水量/进水 TN 浓度×污水处理水量		%
再生利用	再生水收益性利用率	指用于收益性利用的再生水总量占生活污水处理总量的比值,主要指工业和城市杂用	(用于工业生产冷却的再生水量+城市杂用再生水利用量)/生活污水处理总量		%
	再生水公益性利用率	指用于公益性利用的再生水总量占生活污水处理总量的比值,主要指绿化、景观补水、农业灌溉	(绿化+景观+农业灌溉)再生水利用量/生活污水处理总量		%
监督管理	污水管网系统维护年度计划完成率	指城市每年污水管网实际维护长度占该年度计划维护长度的比值	完成维护的污水管网长度/计划维护污水管网总长度 备注:污水管网长度=分流制污水管网长度+合流制管网长度		%

一级行业监管指标体系　　表 5-4

分类	指标名称	指标含义	计算公式	中国	单位
污水收集	污水收集效率(生活污染物收集率)	指城市污染物收集总量与污染物产生总量的比值	污水处理厂收集的污染物总量/居民生活产生的污染物总量		%
	建成区污水管网与路网密度比例	指城市建成区污水管网与城市建成区道路密度的比值	城市建成区污水管道长度/城市建成区道路长度	10.50/6.65=1.579	%
污水处理	污染物综合削减率	指污水处理厂处理单位污水削减的污染物总量	(a×COD 削减率+b×BOD 削减率+c×NH_3-N 削减率+d×TN 削减率+e×TP 削减率)/($a+b+c+d+e$)备注:a、b、c、d、e 均为加权系数,可针对不同时期的监管需要和不同考核对象调整		%
	单位污水用电量	指污水处理厂处理单位污水所需的用电量	污水处理用电量/污水处理量		°/m^3
	污水处理率	指城市污水处理总量与污水排放总量的比值	污水处理总量/污水排放总量	96.81	%
污泥处置	污泥无害化处置率	指污水处理产生的污泥(以含水率 80%计)用于建材、土地利用、卫生填埋、焚烧的处置量与污泥产生总量的比值	$Y=\frac{A_{总量}+B_{总量}+C_{总量}\times 0.9+D_{总量}\times 0.7+E_{总量}\times 0.3+F_{总量}\times 0}{A_{总量}+B_{总量}+C_{总量}+D_{总量}+E_{总量}+F_{总量}}$ Y:指污泥处置率; $A_{总量}$:指省级范围内各城市土地利用的总量; $B_{总量}$:指省级范围内各城市建材利用的总量; $C_{总量}$:指省级范围内各城市焚烧的总量; $D_{总量}$:指省级范围内各城市达到卫生填埋标准并进行卫生填埋的总量; $E_{总量}$:指省级范围内各城市其他处置(含应急处置)方式的总量; $F_{总量}$:指省级范围内各城市不知去向的总量		%
	污泥有机组分比例	指污泥中所含有机组分(挥发性固体(VSS))总量 备注:指污泥中所含有机组分(挥发性固体(VSS))总量与污泥产生总量的比值,其中污泥是指二沉池泥水分离并经过浓缩池浓缩后的湿污泥,对于经过加药浓缩脱水、含水率有差别的,应予以修正	污泥有机质总量/污泥产生总量		%

续表

分类	指标名称	指标含义	计算公式	中国	单位
再生利用	污水再生水利用率	指再生水的利用量与生活污水处理总量的比值	（城市杂用＋景观河道补水＋绿化绿化＋工业利用＋农业灌溉）再生水利用量/生活污水处理总量	1160784/5369283＝0.216	%
监督管理	生活污水处理费标准到位比例	指城市实际污水处理收费标准与国家规定最低污水处理收费标准之间的比值	实际污水处理收费标准/国家规定最低污水处理收费标准		%
	生活污水处理费收缴率	指城市生活污水处理费实际收入总额占应收缴污水处理费总额比例	污水处理费实收总额/污水处理费应收总额		%
	单位污水管网运行维护人员数	指城市污水管网运行维护管理人员总数与城市污水管网总长度之间的比值	城市污水管网运行维护管理人员总数/城市污水管网总长度 备注：污水管网长度＝分流制污水管网长度＋合流制管网长度；对于暂无法区分排水管网和污水管网的，可暂合并计算		人/km
	排水许可发证率	已发放重点排水许可证总数与应发放排水户总数的比值	已发放重点排水许可总数/应发放排水户总数		%

第六章

展　望

城镇排水与污水处理系统是城市基础设施的重要组成部分，是支撑城市生态文明建设和可持续发展的重要载体。未来我国城镇排水与污水处理行业的发展将朝着"厂网同考、提质增效、泥水并重"迅速转变，污水管网逐步实现"全收集"；已建成的污水处理厂尽可能发挥污染物削减效能，实现"全处理"；污泥尽快实现"全无害"，并推进资源化利用。在上述目标基础上，城镇污水处理将从"治污为主"向"环境改善、资源循环"转变，对促进城镇化发展、保障城市安全和改善人居环境方面发挥越来越大的作用，也将进一步带动管网、污水污泥处理设施和相关设备，新材料、新工艺的发展。

同时，以人民为中心的发展理念、新型城镇化发展战略以及城市高质量绿色发展对城镇污水处理系统的建设运行提出了新的要求；5G、大数据、区块链、人工智能、自适应自控制等新技术的发展，也将赋能污水处理行业的智慧化发展。未来城镇污水处理行业将发生更加深刻的变革。

一、改善环境质量和促进资源能源回收利用将成为行业发展新的目标

城市发展的基本目标是不断提升人居环境。《"十四五"规划》要求，加强重点流域、重点湖泊、城市水体和近岸海域综合治理，推进美丽河湖保护与建设，化学需氧量和氨氮排放总量分别下降8%，基本消除劣Ⅴ类国控断面和城市黑臭水体。城镇排水与污水处理系统是城市污染物收集处理的重要单元，是城市健康水系统中的"肾脏"，应该将构建健康的城市水系统作为目标，对排水的污水处理系统规划布局、建设运行进行顶层设计，将城市水环境质量作为城市污水系统评价的最终指标，推动城镇污水处理从"治污为主"向"环境改善"转变。

面对日益严峻的资源和环境压力，近年来，国家推动和鼓励循环经济发展模式，促进资源综合利用产业快速发展。在此背景下，资源循环利用产业迎来了新的发展机遇，节能环保与资源循环利用产业被列为战略性新兴产业之一，产业规模快速增长。作为节能环保产业的重要组成部分，城镇排水与污水处理行业如何

实现资源循环利用与节能减排的同步发展，是当前的重要任务，也是今后的主导发展方向。实现城镇排水与污水处理过程中的能量自平衡和资源循环利用、污染物高标准控制稳定运行、再生水资源回用、污水处理厂周边环境持续改善以及水环境改善等将成为行业发展的重要目标和方向。

二、低碳化将成为行业发展的热点

《“十四五”规划》要求，落实2030年应对气候变化国家自主贡献目标，制定2030年前碳排放达峰行动方案。支持有条件的地方和重点行业、重点企业率先达到碳排放峰值。截至2010年底我国污水污泥处理产生的能耗已达到全国总能耗的1%。近年来，随着人民群众对美好生活环境的需求增加，我国城镇污水处理规模不断增加，到2019年处理能力已由2010年的1.2亿m^3/d提升到2亿m^3/d，我国已成为世界上污水处理规模最大的国家。同时，随着城市水环境质量要求不断提高，《水污染防治行动计划》等相关政策明确要求要因地制宜对现有城镇污水处理设施进行改造，2020年底前达到相应排放标准或再生利用要求，现行国家标准《城镇污水处理厂污染物排放标准》GB 18918也启动了修订计划，拟在一级A标准基础上对部分指标再做提升。全国范围污水处理厂规模的急剧扩大和出水执行标准进一步提升等一系列工作将直接提高污水处理行业的能耗。

发达国家意识到污水处理行业蕴含的高效减排潜力，将其列入碳减排重点领域，并积极探索可行的碳减排路径。美国和日本强调通过高效机电装备和高级控制对策节能降耗，同时加大污水污泥蕴含能源的开发回收力度。加拿大着力开发运营优化技术，目前已形成较完善的污水处理运营优化技术体系。欧洲重视低碳处理新工艺研发，在可持续污水处理工艺研究方面居于领先水平。因此在我国城镇排水与污水处理领域开展碳减排工作将是未来行业发展的一个重要方向，可以从系统角度进行全流程、全生命周期分析建立低碳化路径。如提高污水收集输送系统的有效性，促进污水收集系统的低碳运行；发展新型低碳污水处理工艺、实现污水处理厂精细化运营，减低污水处理过程中能耗与物耗；推进低碳化污泥处理处置技术，实现资源回收与能源的自平衡；积极拓展碳交易市场等。

三、推行“排水单元—收集管网—处理厂—收纳水体”全流程的系统化规划建设运行模式

《“十四五”规划》要求，推进城镇污水管网全覆盖，开展污水处理差别化精准提标，推广污泥集中焚烧无害化处理，城市污泥无害化处置率达到90%，地级及以上缺水城市污水资源化利用率超过25%。未来我国城镇排水与污水处理行业的发展将朝着“厂网同考、提质增效、泥水并重”迅速转变，那么全流程的系统化的规划建设运行模式必将成为未来发展的重要方向，污水处理系统化是以

污水处理厂服务范围为基础，统筹考虑范围内的污水管网、污水泵站、各类污水处理设施以及河道编制系统化方案，以提升水环境质量为目标，以提升污水处理系统效能为核心，以提升管网收集污染物能力为重点，明确进入污水系统的各类“清水”数量和来源；统筹排水单元、收集管网、处理厂、收纳水体各个单位，建立系统化的规划、建设与运行方案，通过监测、模型等技术手段进行定量分析和评估，提升方案的科学性，实现全生命周期最优。

推行全流程系统化模式有利于提高现有污水处理设施效能，提高污染物减排效能，提升收纳水体水环境质量，同时将有效提升污水处理抗冲击、抗干扰能力，对于城市韧性发展具有重要的意义。将排水与污水处理进行全流程的系统运行与管理，有利于改变现有“只见树木，不见森林”的污染控制模式，有利于形成按照收纳地表水体水质效果付费的模式，克服按照污水处理规模进行付费的弊端，同时也有利于保证工程措施后期运行维护效果，便于建立长效运营机制，建立清晰的政企监管服务模式，实现水环境提升的最终目标。

四、基于数字、信息和控制新技术，推动污水处理系统全链条精细化和智能化发展

城镇污水处理系统连接着城市千千万万的污染物排放单元，城市排水管网系统是一个巨型的复杂结构单元，以高标准稳定达标为追求的污水处理厂工艺链条不断升级与延伸，这些因素都是城市污水处理系统成为一个庞大的复杂精密系统，系统中每个一个环节的失序，都会带来系统效能的降低。要提升污水处理效能需要借助现代信息科技技术发展，推进污水处理系统的智能化，提升精细化管理水平。

目前，5G、大数据、区块链、人工智能、自适应自控制等新技术发展日新月异，把信息化、自动化与人工智能深度融合于城镇排水系统形成的新型精细化动态运行模式与管理系统是未来的发展趋势。一些水务公司探索以实际水厂为蓝本，整合静态数据、动态数据和生产管理数据，通过机理模型分析和大数据分析等方法，将水厂过去、现在和未来的状态进行直观的呈现和预测，并结合专家系统提出建议，为运营管理提供决策支持，并实现高度保障、管理高效、成本优化和产能挖潜的目的，在实践中已显示出可观的应用价值。城镇污水处理系统精细化和智能化方面基础薄弱、欠账比较多，信息化技术发展的大潮势必推动行业智能化发展。